Determinación del Impacto Económico en los Negocios

Originado por el Sistema de Transporte Publico "Mexibus", en Cd. Nezahualcóyotl, Edo. de México.

Dr.Ing.José Antonio Valles Romero

Mayo 2013

Impacto Económico en los Negocios, Originado por el Sistema de Transporte Publico "Mexibus", en Cd. Nezahualcóyotl, Edo. de México | **2013**

Autor:
Dr. Ing. José Antonio Valles Romero
Revisión Técnica:
Dr. L. Jonathan Torres Cortés
Profesor Investigador Universidad de las Américas, México

Título:
Determinación del Impacto Económico en los Negocios, Originado por el Sistema de Transporte Publico "Mexibus", en Cd. Nezahualcóyotl, Edo. de México.

Compiled by:
Kate Vitasek
2013

Edited by:
McGraw-Hill, Mayo 2013

Diseño de Portada
Susana Salas Herrera
Publicado por:

©2011 McGraw-Hill Open- Publishing

La Vergne, TN USA

May 2013

ISBN: 978-1-304-00940-1

ISBN 978-1-304-00940-1
90000

9 781304 009401

Publisher: John E. Biernat

Senior Editor: John Weimeister

Development Editor: Elm Street

INDICE

Resumen

Capítulo V Propuesta de Solución

RESUMEN

Los servicios públicos de transporte son importantes por muchos aspectos, proporcionan movilidad a las personas y a los productos o servicios, da forma a la utilización del suelo y los patrones de desarrollo, generan empleo y favorece el crecimiento económico, por lo que apoyar las políticas públicas en materia de transporte es importante, cuando se tiene en cuenta los beneficios en la zona de influencia de la red de transporte, los costos y los niveles de inversión en proyectos de transporte.

Esta investigación se centra en el impacto económico en los negocios, originada por el sistema de transporte público "Mexibus" en la zona especificada en términos de empleo, de los salarios y de la rentabilidad de las empresas en la zona. Se trata específicamente de la cuestión de cómo los diversos aspectos de la economía se ven afectados por las decisiones tomadas respecto a la influencia del transporte público, Se resumen las principales conclusiones organizadas en función de tres categorías: (1) el efecto de invertir en el transporte público, que crea puestos de trabajo inmediatos y los ingresos de transporte mediante el apoyo a la fabricación, construcción y obras públicas y las actividades de operación; (2) los efectos de la inversión en transporte público, que genera una variedad en la eficiencia económica en la zona y el impacto de la productividad, como consecuencia de cambios en los tiempos de viaje, los costos horarios del equipo y los accesos a mercados; y (3) el impacto económico en los negocios asociados con el transporte público, se desarrolla una metodología para el cálculo de dichos impactos.

El impacto económico en los negocios generado por el transporte está asociado con la generación del empleo, con el ahorro del tiempo de viaje y en la variación en el costo horario de los vehículos de transporte público que genera el 5.9% del total del empleo generado en la zona en estudio, ocupa el 6° lugar dentro de las actividades económicas y el 51% de los servicios de transporte es demandado por actividades comerciales (23%), construcción (16%) y productos alimenticios (12%).

Palabras clave: costo horario del transporte, variación de tiempo de viaje, generación de empleo en el transporte público

CAPITULO I Protocolo de la Investigación

Oportunidades de desarrollo a atender

Introducción, la infraestructura vial constituye, la columna vertebral para el desarrollo y crecimiento económico y social de una región, y ciudad Nezahualcóyotl no es la excepción. Se trata sobre el valor económico, ecológico, estético, social o cultural, que conviene reconocer dadas las fuertes densidades urbanas, En este sentido, es necesario generar propuestas de solución para el mejoramiento y rehabilitación de la infraestructura vial en la cual se consideran tanto las vías primarias, secundarias, locales y vecinales con la finalidad de incrementar los beneficios económicos y la plusvalía en la zona las que pueden sr generadoras de daños y molestias o disfuncionamientos urbanos, o por el contrario ser portadoras de valores sociales más definidas, como la urbanidad de valores culturales o de valor económico, ligado con valores ecológicos.

De esta forma, cuando se contempla la construcción, ampliación o rehabilitación de la infraestructura, se necesita disponer de los recursos, por mínimos que estos sean; poniendo mayor énfasis en los aspectos técnicos y económicos generados. Las especificaciones de orden técnico serán fundamentales para darle a la vía en proyecto los requerimientos de diseño para que funcione de manera eficiente. Ante esta situación, es necesario llevar a cabo estudios de ingeniería y con ello realizar un diseño funcional y estructural que permita integrar los beneficios generados por el sistema de transporte en la zona entre la población para conservarla e integrarla a la construcción social.

Objetivos

Esta Investigación se centra en determinar tres objetivos fundamentales:

(1) ¿Cuáles son los factores causales y elementos de accesibilidad en la evaluación del impacto económico de los proyectos de transporte?
(2) ¿Hasta dónde los métodos disponibles reúnen las condiciones para evaluar el impacto económico?
(3) ¿Cuál es la información requerida para la evaluación de los beneficios por el transporte?

El proceso para lograrlo consistirá en el desarrollo de una metodología inteligente que permita la cuantificación y determinación de los beneficios en los negocios motivada por el sistema de transporte a lo largo de la red vial, que comunica las zonas urbanas con la zona oriente del municipio de Nezahualcóyotl del Estado de México, y proponer una solución más humana a la movilidad social que fomente el desarrollo económico de la región y que son:

- Generar una metodología de aplicación para evaluar la conveniencia de utilizar alternativas viales.

- Los beneficios generados por el transporte para ciertos comercios y productos son altamente impactante de acuerdo a sus características, Es parte del estudio determinar utilizando la metodología desarrollada cuáles soluciones son posibles y pueden ser evaluados bajo esquemas económicos y por tanto ser susceptibles a mejorarse.

- Por las características del modelo de optimización en cuestión, se busca modelarlo como problema multi-objetivo, utilizando criterios que sean determinantes en la búsqueda de la eficiencia desde el punto de vista económicos. Dependiendo de la orientación y la visión del comercio, los diversos criterios para la modelación pueden impactar de distinta forma. Con el uso de técnicas de teoría de apoyo a las decisiones (DSS, por sus siglas en inglés, Decisión Support System) teniendo en cuenta el número de pasajeros promedio por vehículo (AVR, por sus siglas en inglés, Average Vehicle Ridership), se lograra cómo medir el impacto en cada uno de los negocios en particular mediante la aplicación de estas técnicas a grupos de decisiones que formen parte del municipio.

- Se desarrollara una solución para resolver el problema en forma particular. En este proyecto se pretende evaluar la conveniencia de incorporar elementos de inteligencia social y confrontar su conveniencia de diseño, implementación y calidad de resultados.

- Finalmente, se evaluara la conveniencia del uso de redes viales, tratando así de demostrar que es posible hacer más eficiente la generación de riqueza mediante el uso de políticas de sistemas de transporte.

- Construir un modelo matemático de optimización multi-objetivos que permita determinar los posibles lugares de consolidación que bajo los criterios previamente definidos se identifican como los mejores candidatos.

- Integrar la metodología de decisión dentro de un programa o aplicación computacional con ambiente amigable para el usuario.

Justificación

Los pocos estudios sobre el análisis del beneficio generado por el transporte en la zona y a la carencia de experiencia por parte de los tomadores de decisiones al tomar en cuenta la opinión y los beneficios de los usuarios, la gravedad y frecuencia de los conflictos obligan a que se loes tome en cuenta con seriedad después de padecer las incomodidades de sufrir una ciudad que ha estado por mucho tiempo en obra negra (siempre ha estado) y que prolonga y da lugar a los procesos de decisiones basados en experiencias o juicios políticos o personales no basadas en análisis previos de la situación con visión social, económica y humana no solo en materia de urbanismo, sino también de derecho del suelo, reserva de tierra, vivienda, e incluso de asistencia social o familiar, lo que conduce a soluciones parciales y temporales que ha resultado poco práctico de implementarse con una meta hacia una movilidad amable y económicamente sustentable basada en la plusvalía originada por el sistema de transporte.

De la revisión de la literatura científica, se desprende que la formulación del modelo matemático para el problema tiene características combinatorias, su complejidad aumenta de forma exponencial conforme el tamaño del municipio.

Se busca aplicar una técnica de solución que permita obtener una respuesta aceptable cercana a la solución óptima que tenga en cuenta la plusvalía y el beneficio en los negocios.

El desarrollo de técnicas no ortodoxas o meta-heurísticas en los últimos años ha sido exitoso para el tratamiento de problemas de este tipo. Particularmente el uso que han tenido los algoritmos evolutivos.

Se pretende desarrollar soluciones que determinen y cuantifiquen los beneficios de la movilidad y la construcción de formas de convivencia más humanas mediante la aplicación de métodos de optimización.

El conocimiento de técnicas de ingeniería social hará posible la integración de elementos científicos que ayudaran a la calidad de la solución.

Proceso metodológico

El objeto de la investigación es el desarrollo de una metodología para cuantificar el impacto económico que el sistema de transporte "Mexibus" origina en los negocios y en la plusvalía urbana, a lo largo de la ruta en Cd. Nezahualcóyotl, Edo de México, con la finalidad de generar alternativas de inversión pública y privada en los sistemas de transporte, por lo que se procederá a inventariar la infraestructura urbana para analizar las condiciones de operación de los negocios y de la zona urbana en estudio y que comunica las zonas urbanas con la zona oriente del municipio, tomando en cuenta los puntos que se describen a continuación:

1. Estructura vial de la zona de estudio.
2. Sentidos de circulación de las vialidades.
3. Uso del suelo.
4. Condiciones de estacionamiento.
5. Identificación de puntos de conflicto.
6. Condiciones de la superficie de rodamiento
7. Identificación de intersecciones semaforizadas
8. Condiciones del comercio

Hay que considerar que se vive en un mundo globalizado donde las necesidades de desplazamientos entre distintos territorios cada vez adquieren más importancia. Los lugares de producción se encuentran situados a grandes distancias de los puntos de consumo. Los ciudadanos residen en una localidad, trabajan o estudian en otra y los lugares de ocio y disfrute del tiempo libre pueden estar en otro lugar distinto. El autobús, el tren o el metro se presentan como medios de locomoción que facilitan el transporte alejado del estrés que genera el automóvil.

Hay que diferenciar entre los costos económicos para el conjunto de la sociedad y los costos económicos para el usuario individual. Entre los primeros se puede determinar el alto costo energético con la consiguiente presión sobre el medio, los altísimos costos en infraestructuras, costos en campañas de tráfico, costo sanitario por el uso indiscriminado y descontrolado de los vehículos privados, accidentes de tráfico. Y entre los segundos, el precio cada vez más elevado de la gasolina, el valor de compra de los vehículos, el mantenimiento de uno o varios coches, etc.

La decisión es una elección entre alternativas basadas en estimaciones de los valores de esas alternativas. El apoyo a una decisión significa ayudar a las personas que trabajan solas o en grupo a reunir inteligencia, generar alternativas y tomar decisiones. Apoyar el proceso de toma de decisión implica el apoyo a la estimación, la evaluación y/o la comparación de alternativas, se ocupara el DDS cooperativo ya que este nos permitirá modificar, completar y a su vez perfeccionar las sugerencias de decisión que se están tomando actualmente con respecto a este tópico, así como tener una mejora en el sistemas y tomar mejores decisiones.

Movilidad social de la población
Estructura vial, el primer aspecto a considerar es la "Estructura Vial" en la cual se consideraron y clasificaron como Vialidades Primarias, Vías Secundarias, Vialidades Colectoras y Calles locales en dichos inventarios se identificaran las deficiencias de las vialidades que a pesar de tener buenos anchos de sección los mismos se ven obstruidos en parte, ó bien las condiciones generales de operación demeritan mucho a las vías de primer orden, llevando a vialidades próximas a un nivel de operación que afectan a toda la zona tal es el caso de la Av. Bordo de Xochiaca en el tramo de la Av. Nezahualcóyotl y Riva Palacio o el de la Calle 7 en su totalidad por las obras viales que actualmente se llevan a cabo.

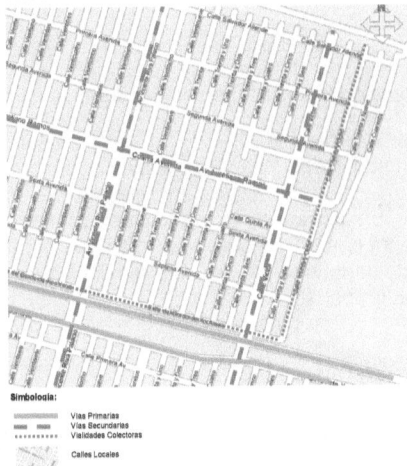

Simbología:

━━━━ Vías Primarias
━━ ━━ Vías Secundarias
· · · · · · Vialidades Colectoras

Calles Locales

Ejemplo de Inventario de la Estructura Vial

Sentidos de Circulación

El funcionamiento de las vialidades en este punto será necesario evaluarlas ya que la estructura vial podría encontrarse indefinida y el cambio de los sentidos de circulación es conflictivo.

Simbología:

―――― Sentido de Circulación

Ejemplo de Inventario de los Sentidos de Circulación

Condiciones de Estacionamiento

Prácticamente, todo mundo se estaciona en cualquier, no hay nadie que regule a los estacionamientos y en toda la zona en estudio se identificaron puntos de estacionamiento ilegal; En zonas como mercados, centros de educación, servicios públicos no existen cajones, y en su caso son operados por los llamados franeleros y carecen de algún tipo de seguridad así que una regulación a este aspecto sería una de las mejoras que podrían proponerse.

Simbología:

- - - Permitido   E Estacionamiento Publico

- - - Controlado

- - - Restringido

Ejemplo de Inventario de las Condiciones de Estacionamiento

Uso de Suelo

Se identificaran aspectos relevantes en cuanto equipamiento urbano tales como son: Escuelas, Mercados, Servicios de Salud, Seguridad Pública, Gasolineras, Espacios Deportivos y algunos otros, para determinar si se cuenta con una infraestructura básica y con servicios.

Simbología:

Seguridad Pública	Comercio	
B Biblioteca	Bomberos	Espacios Deportivos
M Mercado	Gasolineria	Panteón
Servicios de Salud	Parque	Iglesia

Ejemplo de Inventario de Uso de Suelo

-6-

Identificación de Zonas de Conflicto
Esta parte del estudio será de gran importancia ya que en ella podemos observar el comportamiento del tránsito en algunas zonas así como los días en que se ven afectadas las vías de comunicación, desde tianguis hasta calles cerradas donde los mismos habitantes bloquean los accesos a los servicios, generando verdaderos caos y congestionamiento.

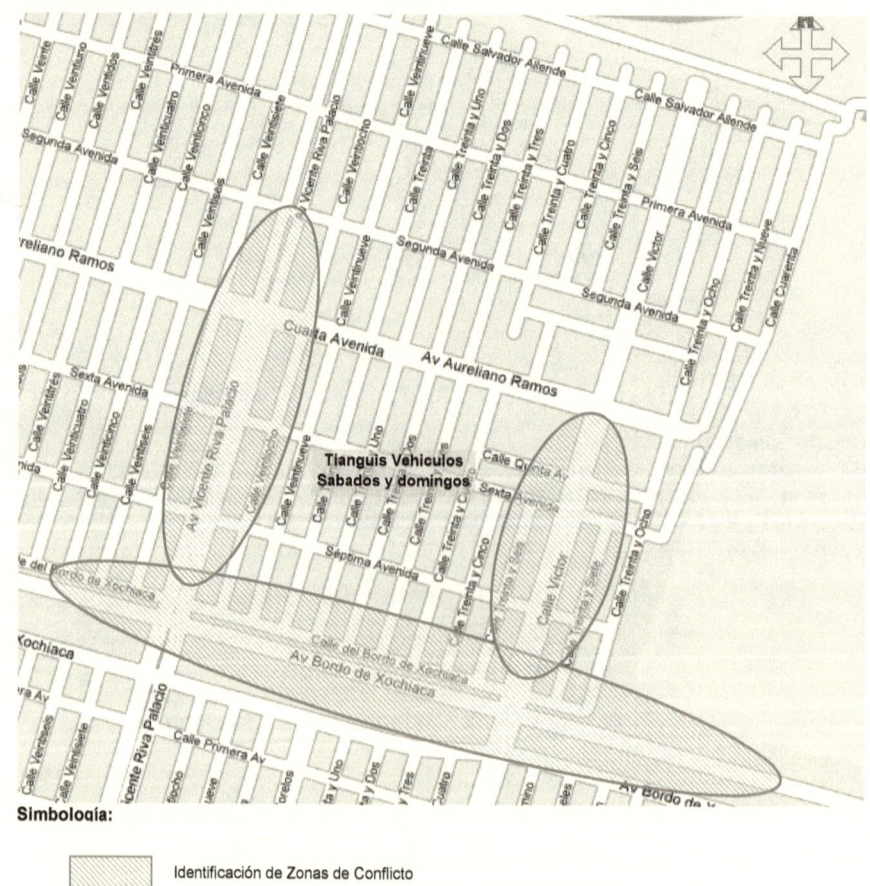

Simbología:

Identificación de Zonas de Conflicto

Ejemplo de Identificación de Zonas de Conflicto

Identificación de Intersecciones Semaforizadas

Una localización de las intersecciones que están equipadas con dispositivos de control (semáforos) en la cual solo se identificaran los puntos de forma general sin llegar al detalle de la operación y funcionamiento de esta.

Símbología:

Intersección Semaforizada

Ejemplo de Identificación de Intersecciones Semaforizadas

Condiciones de la Superficie de Rodamiento

Se revisaran el tipo y condiciones de las superficies de rodamiento de las vialidades identificando el estado físico observándose que zonas están pavimentadas, y las condiciones de la superficie de rodamiento marcando los consistentes en fisuras y baches y que en algunos casos dificultan la circulación, se efectuaran inventarios de topes en vías secundarias y calles locales que en algunos casos podrían resultan ser excesivos y en otros innecesarios.

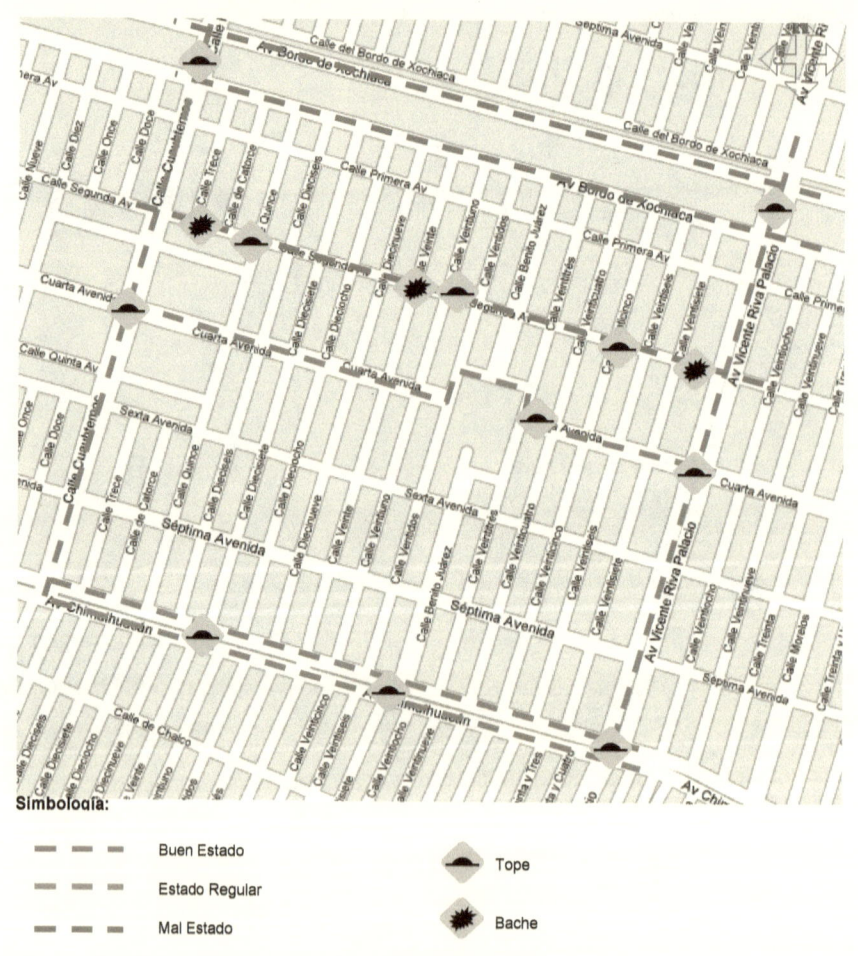

Simbología:

– – – –	Buen Estado	🛑	Tope
– – – –	Estado Regular	✴	Bache
– – – –	Mal Estado		

Ejemplo de las Condiciones de la Superficie de Rodamiento

CAPITULO II Corografía

Corografía del área en estudio
Importancia económica de la zona en estudio
La vida económica de la ciudad depende de los servicios de abasto y distribución de las personas y de los bienes que se requieren tanto para el consumo directo como para servir de insumos a las actividades productivas.

La cantidad real de mercancía en toneladas o toneladas-kilometro que atiende el transporte de carga en la ciudad, alcanza proporciones gigantescas. En ese sentido, es útil considerar las estimaciones realizadas aun cuando solo se refieren a la carga que tiene como origen o destino las 7 zonas de carga (central de abastos, mercados públicos, rastro, tianguis, tiendas de barrio, tiendas especializadas), pueden dar una primera idea del volumen total de carga, diaria que llega y sale de la zona en estudio y se distribuye en esta.

Tal volumen de carga se refiere básicamente a los productos para el abasto alimentario de la ciudad, aunque también se incluyen otros bienes.

En lo referido al destino o distribución física de tales productos se puede observar que el 70% de total va hacia los mercados públicos y tianguis.

Delimitación y estructura territorial y poblacional
El Municipio de Nezahualcóyotl se localiza al oriente del Estado de México y colinda con el municipio de Ecatepec al norte; al sur con el Distrito Federal y La Paz; al este con los municipios de Texcoco y Chimalhuacán y al oeste con el Distrito Federal.

Nezahualcóyotl constituye la Región IX del Estado de México y se encuentra localizado en la Macro región III Oriente del mismo estado, esto significa que a través de estos rangos metodológicos Nezahualcóyotl debe de crecer económica y socialmente respondiendo a un desarrollo planeado basado en el marco jurídico de planeación regional.

Los programas regionales serán el instrumento de Planeación que señalen las prioridades, objetivos, estrategias, proyectos y líneas de acción para promover el desarrollo equilibrado y armónico de las regiones del Estado, mediante la conjunción de esfuerzos, recursos y acciones de los gobiernos federal, estatal y municipal, así como de los sectores social y privado involucrados según su artículo 42 de la Ley de Planeación.

Macro Regiones y Regiones

Vinculación con el Municipio de Nezahualcóyotl.

Fuente: Gobierno del Estado de México. COPLADEM, 2006.

Fuente: Gobierno del Estado de México. Gaceta del Gobierno No. 55. 16 de septiembre de 2005

Sus coordenadas son: altitud 2,232 msnm, latitud norte del paralelo 19° 21' 56" y 19° 30' 04" al paralelo; longitud oeste del meridiano 98° 57' 57" y 99° 04 17" al meridiano. Tiene una superficie de 63.44 km², La temperatura media anual de Nezahualcóyotl oscila entre los 14° C y 16° C.

Posición Geográfica Nezahualcóyotl		
Longitud	Mínima	98°57'57'' grados
	Máxima	99°04'17'' grados
Latitud	Mínima	19°21'56'' grados
	Máxima	19°30'04'' grados
Altitud		2, 232 msnm
Límites Geográficos	Al Norte: Ecatepec	
	Al Sur: Distrito Federal y La Paz	
	Al Este: Texcoco y Chimalhuacán	
	Al Oeste: Distrito Federal	
Ciudad	Nezahualcóyotl	
Fuente: www.igecem.com Instituto de Información e Investigación Geográfica, Estadística del Estado de México (IGECEM)		

Impacto Económico en los Negocios, Originado por el Sistema de Transporte Publico "Mexibus", en Cd. Nezahualcóyotl, Edo. de México

2013

Mapa I Croquis de Localización

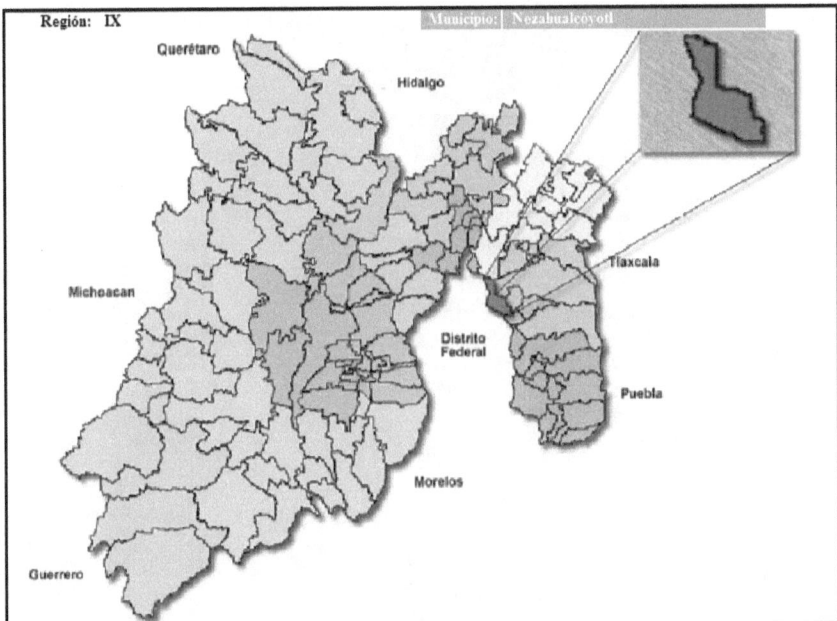

Fuente: Gobierno del Estado de México.

Dinámica Demográfica

Su población para el conteo poblacional de las estadísticas básicas del año 2011 es 1´110,565 habitantes. Este municipio cuenta con una alta densidad poblacional; 17,531 habitantes por kilómetro cuadrado.

Impacto Económico en los Negocios, Originado por el Sistema de Transporte Publico "Mexibus", en Cd. Nezahualcóyotl, Edo. de México

2013

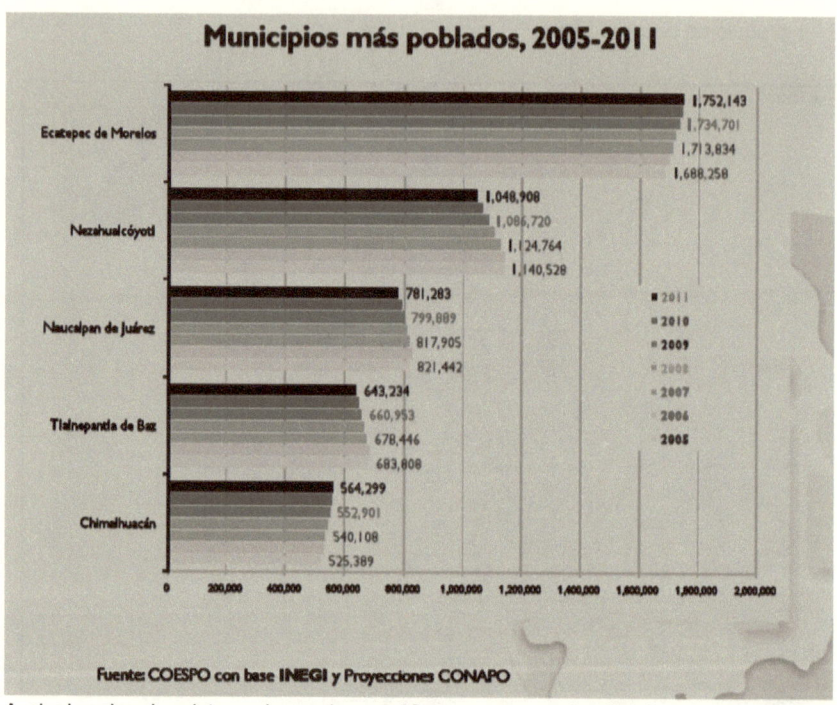

Fuente: COESPO con base INEGI y Proyecciones CONAPO

A nivel regional, existe un bono demográfico, o sea, una tendencia a la prevalencia de los estratos de edad productiva por encima de los no productivos lo que indica que actualmente hay más población en edad de producir que la dependiente. Ello nos remite inmediatamente a crear políticas públicas dirigidas a la población en el rubro educativo (educación media superior, superior y capacitación), en el rubro de infraestructura (salud y vivienda), y en el rubro de desarrollo económico (oferta de empleo). Así, Nezahualcóyotl se posiciona como uno de los municipios más poblados de la Región con una población de 1,110,565 millones de habitantes, Estadísticas básicas del municipio del 2012.

Aspectos Sociodemográficos
Nezahualcóyotl

Concepto	Año	Cantidad
Población	2010	
Población total		1 110 565
Hombres		536 943
Mujeres		573 622
Población por grupos quinquenales de edad		1 110 565
Menores de 1 año		15 750
1 - 4 años		70 845
De 1 año		16 188
De 2 años		18 013
De 3 años		18 220
De 4 años		18 424
5 - 9 años		93 271
10 - 14 años		92 081
15 - 19 años		98 614
20 - 24 años		96 750
25- 29 años		89 047
30 - 34 años		87 487
35 - 39 años		92 714
40 - 44 años		78 744
45 - 49 años		65 502
50 - 54 años		55 999
55 - 59 años		43 647
60 - 64 años		37 751
65 - 69 años		27 500
70 - 74 años		22 131
75 - 79 años		14 144
80 - 84 años		8 365
85 y más años		6 257
No especificado		13 966

Grupos de población por agrupación de 5 años de edad.

La población de Nezahualcóyotl representa el 10.86% de la población de la Macro Región III, Oriente.

Porcentaje de población que habla lengua indígena

El incremento de personas de 5 años y más que habla lengua indígena durante el período citado presenta una disminución de -4,569 con relación a la Macro región III Oriente que cuenta con una población de 38,195 habitantes.

Tasa media anual de crecimiento La tasa de crecimiento media anual de la población del municipio asciende a 1.3%, que contrasta con el 1.3% que registra la Macro Región III Oriente. Esto significa que su crecimiento mínimo económico debe ser equivalente a la media nacional 1.02% para que el PIB per cápita no disminuya.

Población por Grandes Grupos de Edad, Nezahualcóyotl presenta un mayor incremento de la población de 65 o más años, crecen en más de un punto porcentual colocándose en 5.8%. Este rango de edad se identifica con los primeros migrantes que poblaron el municipio, pues oscilaba en edades de 30 a 40 años. Se destaca la esperanza de vida en el Estado de México, que es de 79.8 años, cifra superior a la nacional (75.4) y donde el municipio se presenta como un municipio de población joven.

Población de 5 años o más que hable lengua indígena El incremento de personas de 5 años y más que habla lengua indígena durante el período presenta una disminución de -4,569 con relación a la Macro región III Oriente que cuenta con una población de 38,195 habitantes. }

Saldo Neto Migratorio

En el ámbito de la migración destaca la fuerte atracción de personas registradas en los últimos 10 años, que asciende a un millón 30 mil personas. Destacan como puntos de atracción en el periodo a nivel municipal Ecatepec de Morelos, Ixtapaluca y Nezahualcóyotl. Cabe señalar que las tendencias van a la baja: mientras en el período 1995-2000 se recibieron en promedio del orden de 129 mil personas al año, en 2000-2010 la cifra disminuyó a 77 mil. La misma tendencia se observa una fuerte atracción de personas registrada en los últimos 10 años en la región oriente del Estado de México, Nezahualcóyotl se posiciona como uno de los principales receptores por su alta atracción de migrantes, y se coloca como determinante de la dinámica demográfica.

Por su ubicación territorial, el municipio en el momento de conformación representó un importante destino para la población migrante, por lo que la población nacida dentro de la entidad en esta primera etapa (1970 a 1980) fue menor a la nacida en otra entidad, lo que significa que Nezahualcóyotl creció a partir de crecimiento social más que natural. Esta es una característica más del primer periodo del proceso de crecimiento poblacional. Aunque en el segundo periodo de crecimiento (1980 a 1995) las personas nacidas en el municipio aumento ligeramente. Cabe señalar que un poco más de la mitad de la población nacida fuera de la entidad, que reside dentro del municipio, era población nativa del Distrito Federal, la cual representa un poco más del 50% de la población no nativa total.

El crecimiento natural del municipio registró en el periodo 1990-1995 una tasa de 2.53%, situación que permite ver que si bien Nezahualcóyotl se ubica como un municipio de fuerte expulsión poblacional, debido al comportamiento de sus tasas de crecimiento social que son negativas, su crecimiento natural muestra tasas positivas. Lo que compensa sus tasas totales de crecimiento medio anual, aunque los movimientos migratorios son la principal causa de la pérdida de población. Cabe señalar que las tasas de crecimiento natural siguen una tendencia a la baja, pues entre 1997 a 1998 se registró en 2.41% y para el año siguiente ésta bajó 1% con respecto a la tasa anterior. Para el año de 1999-2000, la tasa sigue la tendencia y se sitúa en 2.39%. Las tasas de crecimiento natural del Estado se comportan de manera similar con las que presenta el municipio, salvo el periodo de 1990-1995, en el cual presentó 2.18%, localizándose por debajo de la de Nezahualcóyotl en 0.4 puntos porcentuales.

Por otro lado el comportamiento de las tasas de crecimiento social, guarda diferencias con las tasas de crecimiento natural, pues el municipio se caracteriza por ser expulsor de población, con una década importante dentro de su conformación poblacional. Esta década es la correspondiente a la de 1970-1980, la cual reportó una tasa social del orden de 4.63%, porcentaje que es positivo con respecto a las tasas reportadas en las restantes décadas, pues todas reportaron tasas negativas. Esta tasa muestra claramente que la década de 1970 se dio la más fuerte migración poblacional al municipio. Mientras que en las décadas posteriores a 1980, se interpretan como los periodos más importantes de emigración hacia otros lugares aledaños.

Migración por sexo
Estructura y Ocupación de la Superficie Municipal
Nezahualcóyotl constituye la Región IX del Estado de México y se encuentra localizado en la Macro región III Oriente del mismo estado, esto significa que a través de estos rangos metodológicos Nezahualcóyotl debe de crecer económica y socialmente respondiendo a un desarrollo planeado basado en el marco jurídico de planeación regional. De ahí que los programas regionales serán el instrumento de Planeación que señalen las prioridades, objetivos, estrategias, proyectos y líneas de acción para promover el desarrollo equilibrado y armónico de las regiones del Estado, mediante la conjunción de esfuerzos, recursos y acciones de los gobiernos federal, estatal y municipal, así como de los sectores social y privado. Macro Regiones y Regiones del Estado de México y su vinculación con el Municipio de Nezahualcóyotl.

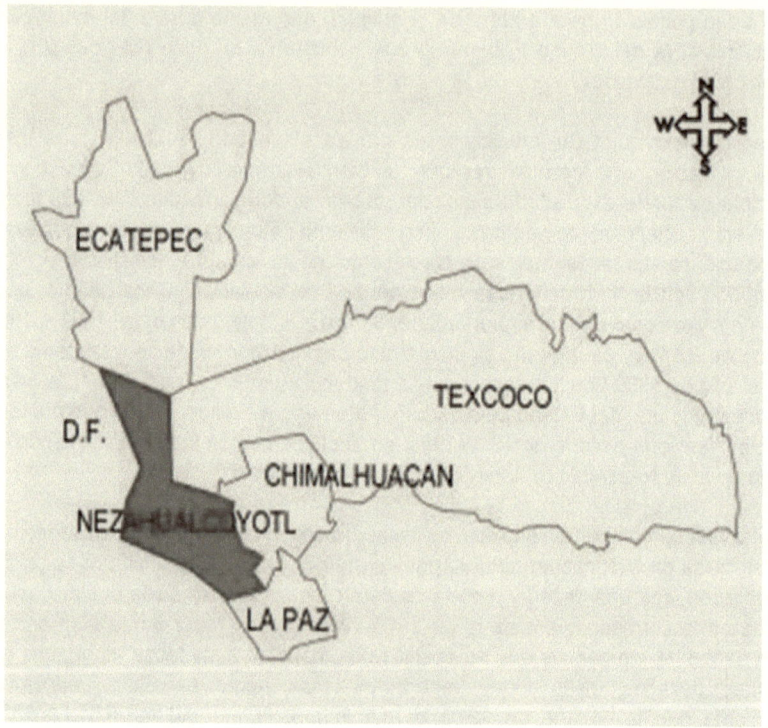

Medio físico y uso del suelo

Son los espacios físicos en donde se asentaran las actividades económicas de la población de nuestro municipio.

Con el estudio de las condiciones físicas podremos definir las características de las actividades productivas que se desarrollaran dentro de nuestro municipio

El territorio ocupado por el municipio de Nezahualcóyotl presenta una característica central: es un continuo urbano en el que no existe una vocación agroproductiva del suelo. Las características climáticas, geológicas y edafológicas del territorio de Nezahualcóyotl, impiden su utilización agrícola y pecuaria, debido a la baja precipitación y alta salinidad presente en los suelos de tipo salino con una elevada acumulación de sales de calcio, sodio, manganeso y potasio.

Su vocación se centra en la capacidad para prestar servicios y concentrar equipamientos en educación y salud para la satisfacción de las necesidades del propio municipio y contiguos del Estado de México. "La promoción para el desarrollo del sector terciario y la concentración de equipamientos para la atención de necesidades en educación, salud y empleo de los habitantes del municipio de Nezahualcóyotl y de los municipios y delegaciones contiguos".

CLIMA

El municipio presenta dos tipos de clima: semiseco templado, con lluvias en verano, con verano cálido (BS1k) presente en el 99.65% de la superficie municipal; templado subhúmedo con lluvias en verano, de menor humedad C(w0), corresponde al 0.35% de la superficie municipal. La oscilación de la temperatura durante el periodo 1950-1995. La temperatura máxima oscila entre 30 a 32 °C entre abril y junio. Al comenzar la estación de lluvias, la insolación disminuye, los días son más frescos y se mantienen temperaturas máximas entre 26 y 29°C de julio a octubre; mientras que en la estación fría, la temperatura máxima varía de 26 a 28°C Tomando en cuenta las altas temperaturas que se manifiestan y la frecuencia y duración de los vientos que favorecen a la evaporación, ésta ha alcanzado valores anuales hasta de 2,453.8 mm, con una media de 1,743 mm. Las temperaturas mínimas extremas tuvieron un promedio de 18°C. No obstante que se registran temperaturas bajas, éstas son esporádicas, lo cual permite que durante los meses invernales se encuentren en los lagos aves migratorias que vienen del Norte.

PRECIPITACIÓN

La precipitación media anual en el municipio es de 774 mm, concentrándose más de la mitad del volumen precipitado, en los meses de junio a octubre. La naturaleza lacustre del municipio de Nezahualcóyotl genera una lucha permanente de las autoridades y sociedad en general, contra el avance de las aguas en temporada de lluvia. La construcción territorial del municipio se ha llevado a cabo teniendo como premisa la recuperación de superficies lacustres para el desarrollo urbano los principales riesgos por fenómenos meteorológicos se concentran en aquellas zonas cuyo crecimiento careció de la infraestructura hidráulica de acompañamiento al desarrollo urbano. Así, se presentan las superficies ocupadas por Valle de Aragón 1ª. Sección, Las Armas, Plazas de Aragón, ampliación Ciudad Lago, Evolución, la colonia El Sol, Tamaulipas, las Águilas, Reforma, Manantiales, Vicente Villada, Nezahualpilli, Agua Azul, como áreas vulnerables al desbordamiento del Canal de Desagüe, del Canal de Sales y del Río Churubusco. Se considera una superficie municipal crítica vulnerable a inundaciones de 688 Ha.

INUNDACIONES

En la actualidad ya se han presentado evidencias de que la capacidad de descarga del sistema general es insuficiente: Muchos tramos del Sistema de Drenaje Profundo han trabajado con carga varias veces al año y ya se ha presentado el caso de que el agua negra suba por las lumbreras y se derrame en las calles (el caso más reciente fue el derrame por la lumbrera 3 del Interceptor Oriente-Oriente, que inundó la zona Villada). La zona sur-oriente del Valle también ha crecido aceleradamente en el Estado de México, sobre todo en los municipios de Chalco e Ixtapaluca.

Para su drenaje depende básicamente del río de La Compañía, que conduce los escurrimientos hacia el norte, hasta descargarlos en el Dren General del Valle y de ahí en el Gran Canal del desagüe. Cuando ocurren tormentas de gran intensidad, la capacidad de drenaje de la red secundaria (y en algunos casos primaria), resulta insuficiente durante algunas decenas de minutos. El problema se presenta principalmente en vialidades que se encuentran abajo del Interceptor del Oriente (donde los colectores pierden pendiente). Estos encharcamientos producen daños económicos por el retraso en las actividades de la población y efectos negativos en la imagen del Gobierno Municipal. Aunque es práctica y económicamente imposible resolver definitivamente estos problemas, sí pueden lograrse mejoras importantes que permitan reducir el nivel y el tiempo de los encharcamientos. Así, en los últimos años se ha trabajado con buenos resultados.

La construcción del Túnel Profundo Oriente-Oriente de la L-1 a L-3 con captación de la Laguna El Salado 3.10 m; y adaptación de estructura de control y cárcamos del colector Villada en los límites del Municipio de Nezahualcóyotl con el Distrito Federal.

Desalojo de las aguas residuales y pluviales de manera eficiente del municipio de Nezahualcóyotl y de la Delegación Iztapalapa.

Con esta obra aumenta la capacidad de desalojo de aguas residuales de cinco a 30 metros cúbicos por segundo.

La obra contó con una inversión de 292 millones de pesos del Fondo Metropolitano.

Para dar una solución "definitiva" al riesgo de desbordamiento de la laguna de regulación El Salado en los límites del Municipio de Nezahualcóyotl y la delegación Iztapalapa, se inauguró el Túnel Interceptor Oriente-Oriente, conectado a dicho vaso regulador, que incrementa la capacidad de desalojo de las aguas residuales y pluviales que allí se depositan, de cinco a 30 metros cúbicos por segundo.

Luego del riesgo de inundación y encharcamientos que enfrentaron los habitantes de las colonias Las Águilas, Unidad Solidaridad, Vicente Villada, Metropolitana primera, segundas y terceras secciones, Santa Martha Acatitla y Peñón Viejo, tras cinco días continuos se abrió la válvula que permitirá desahogar y conducir el agua hacia el sistema de drenaje profundo.

Se han tenido lluvias intensas, y se tuvo que reforzar por parte de las autoridades Municipales, así como del Organismo Descentralizado de Agua Potable, Alcantarillado, y Saneamiento, (ODAPAS) los bordes del rio de los remedios y para evitar un desbordamiento que por fortuna no ocurrió.

Estos patrones de lluvia abundantes se están teniendo también en otras zonas de la ciudad, para darse una idea, 24 millones de litros de agua, en un periodo que puede ser hasta menos de 20 minutos y tenemos que estar preparados para recibir esa cantidad de agua y desalojarla, por ello, la necesidad de realizar esta obra así como las reparaciones que se hicieron al Emisor Central.

Con una extensión de aproximadamente dos kilómetros y un diámetro de 3.10 metros, el túnel se realizó con recursos del Fondo Metropolitano, la inversión ascendió a 292 millones de pesos, comenzó en octubre de 2006 y la excavación se realizó mediante una tuneladora, sin necesidad de excavar a cielo abierto.

El Salado tiene una capacidad para regular el desfogue de agua de tres días de lluvia, pero la obra reducirá significativamente los encharcamientos en la zona, además de aliviar los caudales del colector Santa Martha y los excedentes en el Salado, para evitar que se generen focos de contaminación en la zona.

El Túnel Interceptor Oriente-Oriente forma parte de la cuarta salida artificial para el desalojo de aguas pluviales y negras del Municipio de Nezahualcóyotl y la ciudad de México que tiene el sistema de drenaje profundo que alcanza así una longitud de 165 kilómetros en operación.

Esta obra es parte integral de la solución de fondo al problema de cualquier riesgo en coordinación con el gobierno del Estado de México, para realizar dicha obra de carácter metropolitano que beneficia tanto a los habitantes de Nezahualcóyotl como a los de Iztapalapa. Para disminuir el riesgo, deben tomarse medidas de largo plazo (reforestación, fijación de cuencas, presas de gaviones, etcétera) y acciones urgentes que implican ofrecer alternativas de vivienda a quienes están en situación de riesgo.

GEOMORFOLOGÍA

El municipio de Nezahualcóyotl está conformado en su mayor parte por terrenos del antiguo Lago de Texcoco en un área ocupada por un acuitardo de hasta 800 metros de espesor. Su superficie es prácticamente plana, por lo que no presenta alteraciones topográficas de ningún tipo. Es posible asegurar, que no presenta pendientes de terreno mayores al 3 por ciento, lo que implica que en estricto no cumple con las características para alojar usos urbanos, dado que debido a la extensión y la llanura del terreno, se dificulta en gran medida el desalojo de las aguas servidas.

HIDROLOGÍA

El municipio de Nezahualcóyotl forma parte de la Región Hidrológica RH26, Región Pánuco y se ubica en la cuenca Río Moctezuma (clave D), específicamente en la subcuenca Lago de Texcoco y Zumpango (clave p). Los cuerpos de agua del Municipio de Nezahualcóyotl son la presa "Cola de Pato", la presa "Tesorito" y la presa "La Regalada" ; las tres con la clave de ubicación RH 26 D p. Nezahualcóyotl se encuentra asentado en terrenos pertenecientes al Ex vaso del Lago de Texcoco, el sistema hidrológico de la región se conforma por: el Río Churubusco, el Canal de la Compañía y el Río de los Remedios, los cuales se encuentran en los límites con el Distrito Federal, Chimalhuacán y Ecatepec, respectivamente.

Con el paso del tiempo, los tres ríos se transformaron en canales de desagüe, pasando a ser los receptores de las aguas residuales de la zona urbana del Distrito Federal, así como de algunos municipios colindantes pertenecientes al Estado de México. El Canal de la Compañía tuvo una gran importancia como elemento fortalecedor del riego natural de las zonas aledañas, su trayectoria tiene origen en el municipio de Tlalmanalco, como desagüe natural del deshielo del Iztaccihuatl, pasa por los municipios de Chalco, Nezahualcóyotl y Los Reyes La Paz.

FLORA

El municipio de Nezahualcóyotl ha perdido casi por completo su cubierta vegetal original, sin embargo, levantamientos florísticos realizados por la Universidad Autónoma de Chapingo, demuestran la existencia de cerca de 140 especies que prosperan en la cuenca salina de Texcoco y que se consideran resistentes a la sal (halófitas). Destacan la "verdolaga" (Sesuviumportulacastrum), la "cola de alacrán" (Heliotropium sp), el "zacate salado" (Distichlis spicata), la "navajita" (Bouteloua sp) y el "saladillo" (Atriplex sp).

Dichas especies se utilizan aún como forraje para la alimentación de exiguos hatos de bovinos y caprinos confinados en establos localizados en áreas urbanas del municipio. Debido a las condiciones de salinidad de los terrenos de la zona, existe una reducida

Impacto Económico en los Negocios, Originado por el Sistema de Transporte Publico "Mexibus", en Cd. Nezahualcóyotl, Edo. de México

2013

variedad de flora, al mismo tiempo que se dificulta la introducción de especies exóticas. En la actualidad existen aproximadamente 500,000 árboles implantados con éxito en el municipio, entre los que destacan los eucaliptos (Eucaliptus spp.), casuarinas (Casuarina equisetifolia), fresnos (Fraxinus udhei), cedros (Cupressus lindleyi), sauces llorones (Salix babilonica), entre los más comunes. Antes de la desecación acelerada del antiguo Lago de Texcoco, existían cerca de 150 especies vegetales terrestres y acuáticas autóctonas, las cuales desaparecieron al modificarse las condiciones ecológicas del lugar.

Geomorfología de la zona

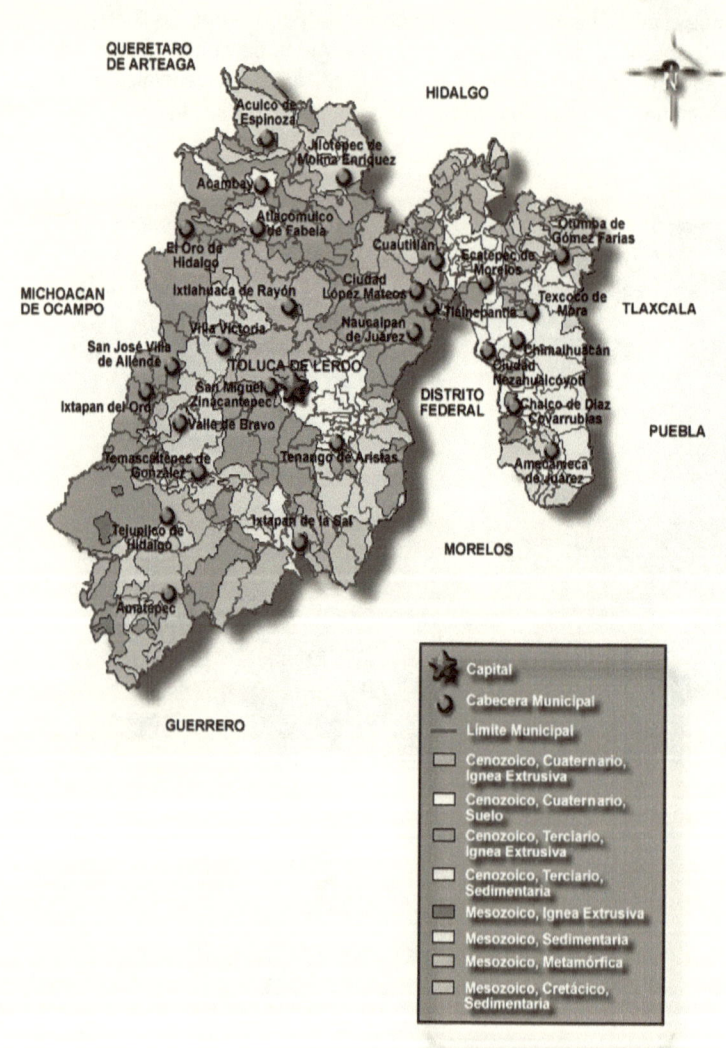

Mapa Orografía por Región

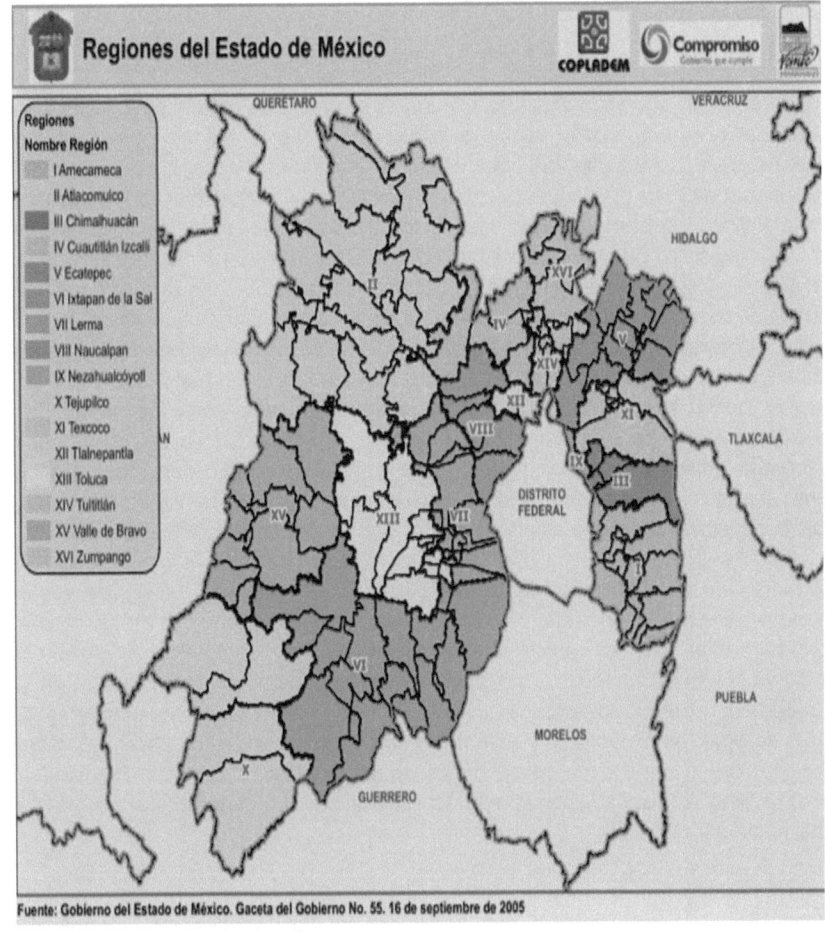

Fuente: Gobierno del Estado de México. Gaceta del Gobierno No. 55. 16 de septiembre de 2005

Impacto Económico en los Negocios, Originado por el Sistema de Transporte Publico "Mexibus", en Cd. Nezahualcóyotl, Edo. de México

2013

Uso de Suelo

No hay que perder de vista que la fragilidad del medio natural de Nezahualcóyotl en su momento, fue uno de los ecosistemas más complejos y por tanto más susceptibles a cambios.

Ello no quiere decir, que en la actualidad, la fragilidad del medio natural en el sitio ya no es un asunto relevante, por el contrario, cada vez es más preocupante el nivel de deterioro de la calidad del aire, del agua, la contaminación de suelos, la contaminación visual, auditiva, etcétera. Lo anterior conlleva a un aumento en los riesgos asociados a la vulnerabilidad del municipio, sea está asociada a aspectos geológicos, hidrometeorológicos o de otra índole y máxime si no existen programas de prevención que atiendan estos inconvenientes e incorporen las medidas de mitigación a los programas de desarrollo urbano, de obras públicas, de protección civil, de atención a la población, etcétera. En rigor, el uso o aprovechamiento del suelo en Nezahualcóyotl no presenta las suficientes alternativas, es inadecuado para el uso urbano (salvo que las inversiones en infraestructura sean cuantiosas) y no es apto para las actividades agropecuarias (agricultura, ganadería, silvicultura), sin embargo, reúne condiciones para soportar actividades directamente relacionadas con la instalación de rellenos sanitarios, (Actualmente el complejo de Infraestructura Ciudad Jardín Bicentenario), reciclaje e industrialización de basura y otras actividades relacionadas.

Actualmente en el municipio de Nezahualcóyotl se observan extensas áreas urbanizadas por debajo del nivel actual del Lago de Texcoco, mismo que en otra época ocupó la parte más baja del Valle. Los efectos son visibles en la estructura urbana del municipio y constituye un factor de peligro permanente, dado el carácter tectónico de la zona geográfica y por su ubicación en superficies sujetas a inundaciones estacionales. Los Usos de Suelo se encuentran clasificados como a continuación se describe: Urbano Habitacional con comercio básico en donde se ubican las 73 colonias; Industrial y Reserva Federal correspondiente al ex-vaso de Texcoco. La zona urbana se destina principalmente para vivienda.

El municipio se localiza en un ecosistema bastante variable y complejo, lo que hace necesario hacer un estudio para prever los riesgos que pueden en determinado momento afectar la estabilidad y seguridad del municipio; todos estos de tipo hidro-meteorológicos, geológicos, etc. Debido a esto es importante analizar, y realizar acciones preventivas para neutralizar los efectos que pudieran afectar tanto al medio ambiente así como a su población. La clasificación de la capacidad del territorio para usos urbanos y no urbanos está claramente definido; los límites perimetrales, como el canal de la Compañía, el Bordo de Xochiaca y la Prolongación del Periférico, están bien definidos para prevenir el crecimiento urbano ilegal, así como el de asentamientos irregulares que no pudieran controlarse. La densidad de ocupación del territorio municipal para usos urbanos está saturada al 100%, no existen grandes reservas de suelo y las presiones de crecimiento solamente se registran apuntando hacia el norte de la zona centro, hacia los terrenos que actualmente son ocupados por los tiraderos.

Sin embargo en esta área, donde además se localiza la Ciudad Deportiva, se cuenta con el complejo de infraestructura o denominado "Ciudad Jardín Bicentenario".

Por otro lado, la zona norte del municipio no registra alguna presión de crecimiento hacia el oriente, que es precisamente donde se ubican los únicos espacios abiertos y que podrían ser considerados como tentativos para ser ocupados por asentamientos irregulares, dichos predios son pertenecientes al proyecto hidrológico del ex-vaso de Texcoco y su finalidad está destinada al equipamiento urbano necesario para la zona urbana habitacional.

El desarrollo del municipio, deberá visualizarse, observarse y realizarse en equilibrio y de acuerdo al Plan de Desarrollo Urbano Municipal, considerando la complejidad del municipio. De la misma forma, deberán conservarse las zonas de Reserva Ecológica. El municipio presenta limitantes como son, la carencia de espacio y de adecuación del suelo para el desarrollo de actividades agro-productivas, así como la falta de espacio para la constitución de reservas territoriales para el desarrollo urbano, las características edafológicas que en algunas zonas limitan el crecimiento vertical, la situación de fragilidad socio-económica de gran parte de la población de que se encuentra inmersa en el mercado informal de trabajo y la vulnerabilidad territorial ante inundaciones y fenómenos geológicos, así como sismos y asentamientos (hundimientos) diferenciales del terreno, debido a la desecación del lecho lacustre donde se encuentra alojada la totalidad del territorio municipal.

Tales deficiencias como esta última pueden ser revertidas mediante la articulación de acciones estratégicas en materia ambiental, urbana, económica y social que busquen la solución integral de las limitantes antes descritas. No obstante, es necesario considerar dichas limitaciones como un factor que oriente las políticas públicas municipales hacia los aspectos más agudos de la problemática, tales como la adecuación del sistema de drenaje municipal, y la reglamentación de las áreas libres cubiertas con materiales permeables que permitan la filtración del agua pluvial hacia el subsuelo.

Superficie
Es el espacio físico en que se desarrollan las actividades económicas de un municipio, el uso o aprovechamiento del suelo en Nezahualcóyotl no presenta las suficientes alternativas, es inadecuado para el uso agrícola.

Impacto Económico en los Negocios, Originado por el Sistema de Transporte Publico "Mexibus", en Cd. Nezahualcóyotl, Edo. de México

2013

Concepto	Año	Cantidad	Unidad de Medida
Viviendas y Ocupantes			
Viviendas	2010	280 401	(Vivienda)
Ocupantes		1 092 950	(Persona)
Servicios públicos en la vivienda	2010		
Agua			
Disponen			
Viviendas		277 831	(Vivienda)
Ocupantes		1 083 675	(Persona)
No disponen			
Viviendas		1 390	(Vivienda)
Ocupantes		5 185	(Persona)
No especificado			
Viviendas		1 180	(Vivienda)
Ocupantes		4 090	(Persona)
Drenaje			
Disponen			
Viviendas		278 378	(Vivienda)
Ocupantes		1 085 940	(Persona)
No disponen			
Viviendas		683	(Vivienda)
Ocupantes		2 451	(Persona)
No especificado			
Viviendas		1 340	(Vivienda)
Ocupantes		4 559	(Persona)
Energía eléctrica			
Disponen			
Viviendas		279 376	(Vivienda)
Ocupantes		1 089 683	(Persona)
No disponen			
Viviendas		293	(Vivienda)
Ocupantes		831	(Persona)
No especificado			
Viviendas		732	(Vivienda)
Ocupantes		2 436	(Persona)

Parece una ironía hacer mención de la fragilidad del medio natural de Nezahualcóyotl, sobre todo cuando se repara con mayor detalle en los problemas que atañen a la conservación del medio ambiente. Sin embargo, no hay que perder de vista que en su momento, fue uno de los ecosistemas más complejos y por tanto más susceptibles a cambios. Ello no quiere decir, que en la actualidad, la fragilidad del medio natural en el sitio ya no es un asunto relevante, por el contrario, cada vez es más preocupante el nivel de deterioro de la calidad del aire, del agua, la contaminación de suelos, la contaminación visual y auditiva.

Clasificación del Territorio por Ocupación del Suelo

Tipo de Uso	Superficie (Km²)	Principales Características y Problemas* que presenta el uso de suelo
Agrícola de Riego	0	No existen Condiciones Optimas Para la Agricultura
Agrícola de Temporal	0	No existen Condiciones Optimas Para la Agricultura
Forestal	0	No existen Zonas Forestales Por estar Urbanizado casi en su Totalidad
Pecuario	0	No existen Zonas Pecuarias Por estar Urbanizado casi en su Totalidad
Urbano	6344	Zona Urbana al 100%
Uso Especial	0	

*Los Principales problemas que se observan en este rubro son los procesos de erosión, causados por los desmontes agropecuarios, cambio de uso de suelo (Pasa de Forestal a Agrícola o Pecuario), Factores Climáticos (Erosión Hídrica y Eólica), Problemas legales de tenencia e irregularidad

Superficie agropecuaria
No es apto para las actividades agropecuarias (agricultura, ganadería, silvicultura), sin embargo, reúne condiciones para soportar actividades directamente relacionadas con la instalación de rellenos sanitarios, reciclaje e industrialización de basura y otras actividades relacionadas.
Superficie forestal

Prácticamente la totalidad del territorio municipal está utilizado, no existen grandes reservas de suelo y las presiones de crecimiento solamente se registran apuntando hacia el norte de la zona centro, en los terrenos que actualmente son ocupados por los tiraderos, los cuales actualmente no brindan condiciones de seguridad para su ocupación. Por lo que no existen zonas forestales.

Superficie urbana
En Nezahualcóyotl el uso actual del suelo está distribuido de la siguiente manera: Uso urbano (83.63%), industrial (0.37%) y suelo erosionado (15%) correspondiente al vaso del ex- Lago de Texcoco. La zona urbana del municipio se destina principalmente para vivienda. Nezahualcóyotl cuenta con 5 mil 165 manzanas y 220 mil predios distribuidos en las 73 colonias, de los cuales 171,775 mil están registrados en el padrón de contribuyentes siendo estos 182,401 propietarios.

Usos Generales del Suelo
Ciudad Nezahualcóyotl, fue en su momento uno de los municipios del Estado de México que más población recibió, en el lapso de dos décadas multiplicó su número de

habitantes a tasas de crecimiento demográfico tales que de 65,000 habitantes en 1960 pasó a más de un millón cien mil habitantes en 1970;

Tendencia que continuó hasta la década de los años ochenta en que la dinámica demográfica mostró cierta estabilización El municipio está Clasificado en su extensión territorial de acuerdo a la siguiente;

Tabla de Usos de Suelo			
Clave	Uso de Suelo	SUP EN M2	%
H100A-5	Habitacional Densidad Media con Comercio	1750400	2.23
H125A-5	Habitacional Densidad Media con Comercio	190000	0.24
H167A-5	Habitacional Densidad Media con Comercio y Servicios	40000	0.05
H167A-3	Habitacional Densidad Media con Comercio y Servicios	35120446.5	44.82
H200B-2	Habitacional	360698	0.46
H200B-3	Habitacional	14669662	18.72
E-EC	Equipamiento Urbano, Educación y Cultura	1256537	1.6
H100A-3	Habitacional	1229200	1.57
H200A-3	Habitacional	465000	0.59
H125A-3	Habitacional	1900000	2.42
E-RD	Reserva	768600	0.98
ZNP	Federal	15020000	19.17
EAS	Equipamiento Urbano Administrativo y de Servicios	2180402	2.78
PP-PE	Plan Parcial Proyecto Especial	278526	0.36
ES-A	Equipamiento Urbano Salud y Asistencia	38197	0.05
IMN	Industria Mediana no Contaminante	1103733.5	1.41
ERD-EC	Recreación y Deporte-Comercio	1988536.5	2.54
Fuente: Plan de Desarrollo Urbano de Nezahualcóyotl Octubre de 2004			

Por otro lado, el municipio reúne una gran cantidad de comercios y servicios, ya que cuenta con un amplio número de establecimientos a lo largo de sus corredores urbanos, además de los 69 mercados públicos y de los tianguis. Estos últimos son parte importante del abasto de la región oriente. Al mismo tiempo las instalaciones deportivas con que cuenta el municipio, incluyendo al estadio Neza 86, así como al corredor Bordo de Xochiaca Ciudad Jardín Bicentenario y que tienen capacidad de servicio.

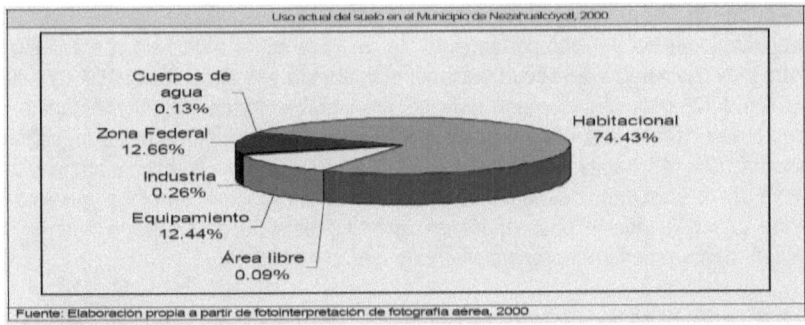

Distribución de los usos de Suelo 2000						
	Habitacional	Área Libre	Equipamiento	Industria	Zona Federal	Zona Estatal	Cuerpo de Agua
Hectáreas	3834.4	4.64	472.35	13.39	652.12	167.41	6.7
% A.U.	74.44	0.09	9.19	0.26	12.66	3.25	0.13

Fuente INEGI Conteo de Población y Vivienda 1995; XIII Censo General de Población y Vivienda Delegación SAGARPA del Estado de México

Uso de Suelo y Vegetación

El municipio de Nezahualcóyotl ha perdido casi por completo su cubierta vegetal original, sin embargo, levantamientos florísticos realizados por la Universidad Autónoma de Chapingo, demuestran la existencia de cerca de 140 especies que prosperan en la cuenca salina de Texcoco y que se consideran resistentes a la sal (halófitas). Destacan la "verdolaga" (Sesuvium portulacastrum), la "cola de alacrán" (Heliotropium sp), el "zacate salado" (Distichlis spicata), la "navajita" (Bouteloua sp) y el "saladillo" (Atriplex sp). Dichas especies se utilizan aún como forraje para la alimentación de exiguos hatos de bovinos y caprinos confinados en establos localizados en áreas urbanas del municipio. Debido a las condiciones de salinidad de los terrenos de la zona, existe una reducida variedad de flora, al mismo tiempo que se dificulta la introducción de especies exóticas.

En la actualidad existen aproximadamente 500,000 árboles implantados con éxito en el municipio, entre los que destacan los eucaliptos (Eucaliptus spp.), casuarinas (Casuarina equisetifolia), fresnos (Fraxinus udhei), cedros (Cupressus lindleyi), sauces llorones (Salix babilonica), entre los más comunes. Antes de la desecación acelerada del antiguo Lago de Texcoco, existían cerca de 150 especies vegetales terrestres y acuáticas autóctonas, las cuales desaparecieron al modificarse las condiciones ecológicas del lugar.

Actividades Económicas del Municipio en Estudio

Como antecedentes del comportamiento de la PEA en el municipio, para 1980 se registra mayor dinámica del sector terciario, el cual para ese año ocupó al 37.44% de la población total ocupada, lo cual significó un incremento de 93,844 personas con respecto a la década anterior: mientras que el sector secundario se ubicó en segundo lugar con 131,147 habitantes, es decir 31.55% del total; en términos absolutos se observa un crecimiento de estos sectores, sin embargo, en términos relativos se advierte una disminución en su participación con respecto a la década anterior, los cuales aumentaron en gran proporción con respecto a 1970.

Por otra parte, el sector primario continúa una baja participación con tan sólo 3,255 habitantes que es el 0.78%, lo cual apunta a su gradual desaparición en las próximas décadas. Para 1990 el sector terciario se consolidó aumentando su participación al 62.21% del total de la PEA ocupada; por su parte, el sector secundario se mantiene con el 31.36% y finalmente, el sector primario continúo decreciendo ya que registro una participación mínima con 1,046 habitantes, es decir, 0.25% de la PEA total. El municipio para el año 2010, presenta un comportamiento similar al registrado en las dos últimas décadas, pues el sector terciario ocupó a un total de 335,385 que significa un incremento en diez años de 86,672 personas empleadas en este sector. La representación en términos porcentuales de este sector asciende a 71.27%.

El sector secundario para este año participa con el 24.33%, en este caso se registra un decremento en su participación con respecto al total de la PEA del municipio; pues se redujo en 7.03 puntos porcentuales con respecto a los datos de 1990. Esto significa en número absolutos que el sector concentra 114,497 personas.

Esta disminución se explica a partir del cambio en la estructura del empleo, pues las personas que en 1990 se empleaban en este sector cambiaron a actividades propias del sector terciario.

En otras palabras mientras el sector terciario va en aumento, el sector secundario y primario va a la baja. Para el caso del sector primario, que es el menos importante del municipio, tenemos que tan sólo el 0.15% de personas del total de la PEA se ocupan en actividades características de este sector.

La disminución de personas ocupadas en este sector, se justifica gracias a las características físicas del propio municipio. A través del proceso de poblamiento, según el (INEGI) hasta el año 2003 la población económicamente activa es de 478 mil 479 personas y 98 mil 171 Nezahualcoyenses contraria con fuente de trabajo dentro y fuera del municipio .Existen alrededor de 22 mil 268 unidades económicas en el municipio, los cuales ocupan 41 mil 046 personas, divididas en 22 mil 268 ocupan el sector comercial, 14 mil 988 en el sector de servicios, y 3 mil 797 en la manufactura.

Relevancia del sector servicios
El sector terciario sin duda es el que concentra a más población, pues reporta el 71.27% del total de la PEA municipal. En este sentido las actividades con más peso al interior del sector son: el comercio que participa de manera importante con el 36%, las actividades de otros servicios, excepto gobierno con el 13%, las ramas 48 y 49 que se refieren a transporte, correos y almacenamiento y por último los servicios de hoteles y restaurantes con el 8%. Es interesante observar que este grupo de actividades dentro del sector aportan el 57% del total de las actividades desarrolladas del sector terciario.

El municipio bajo esta óptica reafirma por un lado, una evidente recomposición de la estructura económica y al mismo tiempo muestra claramente la vocación del municipio al fungir como centro concentrador de servicios urbanos de la región oriente.

En otras palabras mientras el sector terciario va en aumento, los sectores secundario y primario van a la baja. Para el caso del sector primario, que es el menos importante en el municipio, tenemos que tan sólo el 0.15% de personas del total de la PEA se ocupan en actividades características de este sector.

La disminución de personas ocupadas en este sector, se debe a las características físicas del propio municipio. A través del proceso de poblamiento, Nezahualcóyotl perdió las superficies con vocación para desarrollar este tipo de actividad económica. Las pocas áreas disponibles aptas para este tipo de actividad, se han reducido al mínimo.

Empleos generados y población empleada
De acuerdo con ODAPAS (2010) se señala que el comportamiento de la PEA en el municipio, para 1970, Nezahualcóyotl, registró una población económicamente activa de 143,948 habitantes, de los cuales el total se encontraban ocupados y distribuidos de la siguiente manera: el sector secundario concentró el 44.70% de la PEA ocupada, es decir 64,345 personas, mientras que el sector terciario concentró 61,754, es decir, 42.90%; y finalmente el sector primario que presentó una participación poco significativa, pues únicamente concentró 4,174 habitantes, es decir tal sólo el 2.90% de la PEA total en ese año. La PEA total del municipio para el año 1993, era de 248,713 personas lo que significaba que en el municipio se encontraban laborando cerca del 20%.

En términos absolutos ascendía a 49,441 empleos municipales. Para el año de 1998, Nezahualcóyotl registra un total de 470,588 PEA, repartida entre los tres sectores básicos de la economía. En lo que respecta al empleo se estima que en el municipio ofrece únicamente el 42.8% que es igual a 201,411 personas, mientras que el 41% tiene su lugar de empleo dentro del Distrito Federal (192,941) y el restante 16.2% encuentra su empleo en otros municipios circunvecinos.

Concepto	Año	Cantidad	Unidad de Medida
Matrimonios		5 395	(Acto)
Divorcios		1 185	
Empleo			
Población de 12 años y más, según condición	2010		
de actividad económica		879 637	(Persona)
Población económicamente activa		480 547	
Ocupados		457 542	
Desocupados		23 005	
Población económicamente inactiva		392 087	
No especificado		7 003	
Población ocupada, según condición de actividad	2010		
económica		457 542	(Persona)
Agricultura, ganadería, caza y pesca		10 839	
Industrial		87 543	
Servicios		353 012	
No especificado		6 147	
Población asegurada en el IMSS a/	2010	145 821	(Persona)
Salud	2010		
Infraestructura			
Unidades médicas		45	(Unidad)
ISEM		31	
DIF		5	
IMSS		5	
ISSSTE		2	
ISSEMyM		2	
Camas censables		350	(Cama)
ISEM		288	
DIF		10	
ISSEMyM		52	
Recursos humanos			
Personal médico b/		1 092	(Médico)
ISEM		647	

El comercio participa de manera importante con el 36%, las actividades de otros servicios, excepto gobierno con el 13%, las ramas 48 y 49 que se refieren a transporte, correos y almacenamiento y por último los servicios de hoteles y restaurantes con el 8%. Es interesante observar que este grupo de actividades dentro del sector aportan el 57% del total de las actividades desarrolladas del sector terciario.

Actividades Económicas Municipales

REGIÓN IX NEZAHUALCOYOTL ESTABLECIMIENTOS COMERCIALES POR REGIÓN Y MUNICIPIO							
REGIÓN OTROS* MUNICIPIO	MERCADOS	TIANGUIS	RASTROS	RESTAURANTES	FARMACIAS	REFACCIONARIAS	OTROS
REGIÓN IX	69	42	0	87	186	86	4256
NEZAHUALCOYOTL	69	42	0	87	186	86	4256

*Incluye panaderías pollerías tortillerías pescaderías carnicerías expendio de huevo misceláneas abarrotes lonjas mercantiles frutas y legumbres licorerías y/o vinaterías otros papelerías zapaterías ropa en general estéticas ferreterías y tlapalerías video club mueblerías y otros.
FUENTE GEM Secretaria de Desarrollo Económico. Dirección General de Comercio 2007

Actividades más Importantes

Diez clases de actividad, de las 964 que se dividen las actividades objeto del estudio de los censos Económicos 2004, concentraron el 38.1% de las unidades económicas y 22.1% del personal ocupado total de la entidad. Las tiendas de abarrotes registraron 17.7% de las unidades económicas y 7.4% del personal ocupado total en el estado de México; es decir, que por cada 100 personas, 7 de ellas trabajan en una tienda de abarrotes.

Unidades económicas	2010	(Establecimiento)
Sector de Actividad Económica	51 497	
Agricultura, cría y explotación de animales	8	
Generación, transmisión y distribución de energía eléctrica	7	
Construcción	94	
Industrias manufactureras	4 726	
Comercio al por mayor	1 240	
Comercio al por menor	24 240	
Transportes, correos y almacenamiento	66	
Información en medios masivos	206	
Servicios financieros y de seguros	207	
Servicios inmobiliarios y de alquiler de bienes	588	
Servicios profesionales, científicos y técnicos	836	
Servicios de apoyo a los negocios y manejo de desechos	1 210	
Servicios educativos	1 594	
Servicios de salud y de asistencia social	2 023	
Servicios de esparcimiento culturales y deportivos	760	
Servicios de alojamiento temporal	4 941	
Otros servicios excepto actividades gubernamentales	8 289	
Actividades legislativas, gubernamentales	349	
No especificado	113	

Nota para el PIB Municipal: Cifras estimadas por el IGECEM.
a/ Incluye establecimientos con registro nacional de turismo y establecimientos de calidad turística.
b/ Se refiere a las registradas en la Dirección General de Turismo.
Fuente: IGECEM. Dirección de Estadística. Elaborado con base en información proporcionada por las unidades productoras de información de los ámbitos federal y estatal.

Municipios más Importantes en el Edo. de México

En el estado de México los 10 Municipios más sobresalientes por el personal ocupado total concentraron el 55.9% de las unidades económicas, 66.6% del personal ocupado total, 78.5% de las remuneraciones, 76.3% de la producción bruta total y 77.6% del total de activos fijos de la entidad.

Clases de Actividad SCIAN		Unidades Económicas		Personal Ocupado Total		Remuneraciones		Producción Bruta Total Miles de Pesos		Total de Activos Fijos	
		Absoluto	%	Absoluto	%	Absoluto	%	Absoluto	%	Absoluto	%
Total	México	364 921	100	1 533 201	100	69 302 384	100	534 334 595	100	254 329 269	100
461 110	Tiendas de Abarrotes	64 532	17.7	113 983	7.4	175 646	0.3	4 951 002	0.9	3 264 097	1.3
462 111	Supermercados	192	0.1	35 988	2.3	1 577 174	2.3	7 520 276	1.4	5 963 497	2.4
722 211	Restaurantes de autoservicios	13 252	3.6	35 974	2.3	273 772	0.4	3 351 991	0.6	1 124 808	0.4
465 311	Papelería	16 476	4.5	28 094	1.8	83 237	0.1	859 086	0.2	928 810	0.4
722 212	Restaurantes de comida para llevar	10 799	3.0	23 241	1.5	157 949	0.2	2 131 071	0.4	484 578	0.2
463 211	Tiendas de Ropa	11 914	3.3	23 133	1.5	159 931	0.2	1 636 650	0.3	708 482	0.3
611 171	Escuelas del Sector Privado	486	0.1	20 063	1.3	1 455 981	2.1	2 929 967	0.5	1 472 903	0.6
467 111	Ferreterías y Tlapalerías	7 629	2.1	19 657	1.3	344 318	0.5	2 257 973	0.4	994 241	0.4
561 330	Suministro de Personal	62	0.0	19 617	1.3	1 845 180	2.7	2 615 863	0.5	93 842	0.0
812 110	Salones de Belleza	13 539	3.7	19 488	1.3	102 425	0.1	904 715	0.2	444 869	0.2
	Subtotal	13 8881	38.1	33 9218	22.1	6 175 612	8.9	29 158 594	5.5	15 509 927	6.1
	Resto de Gastos	22 6040	61.9	1 193 983	77.9	63 126 772	91.1	505 176 001	94.5	238 819 342	93.9

Fuente: INEGI censos económicos 2004

Municipios	Unidades Económicas		Personal Ocupado Total		Remuneraciones		Producción Bruta Total Miles de Pesos		Total de Activos Fijos	
	Absoluto	%	Absoluto	%	Absoluto	%	Absoluto	%	Absoluto	%
Total México	364 921	100	1 533 201	100	69 302 384	100	534 334 595	100	254 329 269	100
Naucalpán de Juárez	22 027	6.0	184 460	12.0	11 334 322	16.4	69 442 473	13.0	25 031 520	9.8
Tlalnepantla de Baz	20 722	5.7	182 175	11.9	11 512 527	16.6	86 348 749	16.2	41 016 097	16.1
Ecatepec de Morelos	49 120	13.5	166 121	10.8	6 914 538	10.0	53 561 190	10.0	23 942 441	9.4
Toluca	27 379	7.5	153 976	10.0	10 200 310	14.7	88 937 422	16.6	62 245 972	24.5
Nezahualcoyotl	41 046	11.2	98 171	6.4	1 312 414	1.9	10 480 953	2.0	5 950 918	2.3
Cuautitlán Izcalli	10 644	2.9	82 962	5.4	6 209 544	9.0	52 539 673	9.8	15 451 333	6.1
Atizapán de Zaragoza	9 503	2.6	50 597	3.3	2 385 623	3.4	11 174 683	2.1	5 668 276	2.2
Tultitlan	10 051	2.8	45 756	3.0	2 515 853	3.6	20 387 245	3.8	10 832 547	4.3
La Paz	7 565	2.1	28 767	1.9	1 189 538	1.7	9 955 448	1.9	4 388 795	1.7
Metepec	5 820	1.6	27 620	1.8	854 133	1.2	4 761 209	0.9	2 925 655	1.2
Subtotal	203 877	55.9	1 020 605	66.7	54 429 002	78.5	407 589 043	76.3	197 453 552	77.6
Resto de Gastos	161 044	44.1	512 596	33.4	14 873 382	21.5	126 745 552	23.7	56 875 717	22.4

Fuente: censos económicos 2004

Los resultados de los Censos Económicos 2010, comparados con los de 1999, mostraron que el estado de México tuvo un crecimiento en unidades económicas de 11.9% y en personal ocupado de 16.4% durante el periodo referido, los cuales estuvieron por arriba de los incrementos que se observaron a nivel nacional de 7.1% y 9.5% respectivamente. Las unidades económicas en la entidad pasaron de 326 a 049 que había en 1998 a 364 921 en el 2010.

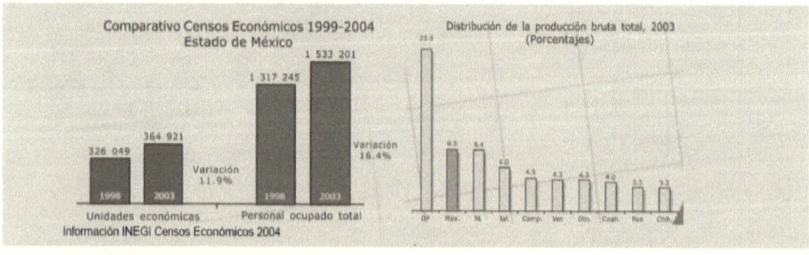

Personal Ocupado Total

En el Estado de México el 61.4% del personal ocupado total en 2010 eran hombres y 38.6% mujeres. La mayor participación relativa de mujeres se presentó en el comercio y en los servicios de 45.8% y 43.9% respectivamente. En tres sectores la participación de los hombres fue superior al 90% en la minería con 94.5% en la construcción con 93.2% y en transportes, correos y almacenamiento con 90.7%.

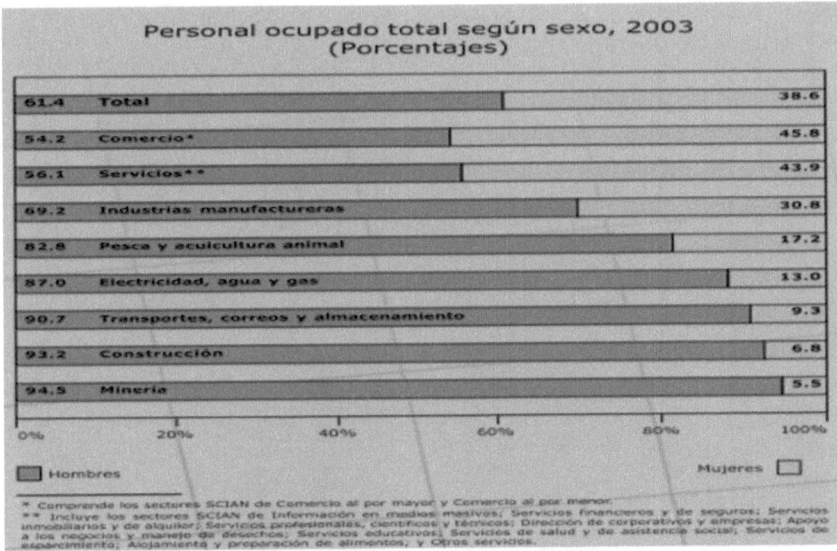

Estratos de unidades económicas según el personal ocupado

En el estado de México en 2003 el 97% de las unidades económicas se encontraban concentradas en el estrato de unidades que se ocupaban de 0 a 10 personas, las cuales aportaron el 10.6% de la producción bruta total. En contraste las unidades económicas que ocupaban 251 y más personas representaron el 0.2% del total de establecimientos y empresas del estado, los cuales aportaron el 57.1% de la producción bruta del estatal.

Estratos de Personal Ocupado	Unidades Económicas	Producción Bruta Total
	(Porcentajes)	
Total	100.0	100.0
0 a 10 personas	97.0	10.6
11 a 50 personas	2.2	9.4
51 a 250 personas	0.6	22.9
251 y más personas	0.2	57.1

Año de Inicio de operaciones

Con la información captada acerca del año en que se iniciaron operaciones de unidades económicas, se observa que a medida en que las unidades económicas son de menor tamaño, son más jóvenes; el 65% de la unidades de 0 a 10 personas nacieron antes de 1998 es decir, son de mayor edad.

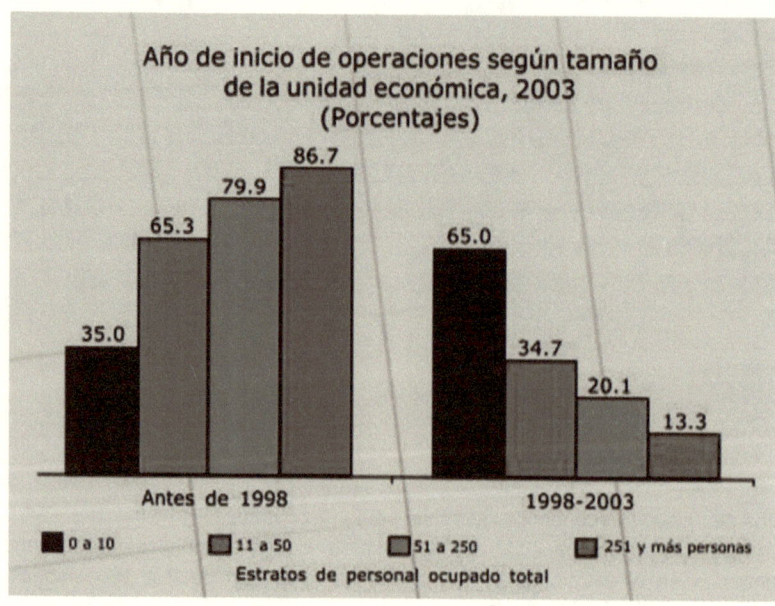

Sectores SCIAN	Unidades Económicas		Personal Ocupado Total		Personal Ocupado Total Personal Ocupado Dependiente de la Razón Social				Personal Ocupado que no depende de la Razón Social		Remuneraciones		Producción Bruta Total		Consumo Intermedio		Valor Agregado Censal Bruto		Formación Bruta de Capital Fijo		Total de Activos Fijos	
					Total B		Remunerado C		D				Miles de Pesos									
	Absoluto	%	Absoluto	%	Absoluto	%	Absoluto	%	Absoluto	%	Absoluto	%	Absoluto	%	Absoluto	%	Absoluto	%	Absoluto	%	Absoluto	%
Total	364 921	100.0	1 533 261	100.0	1 421 962	100.0	888 841	100.0	111 339	100.0	69 302 384	100.0	534 334 395	100.0	294 918 279	100.0	239 416 216	100.0	15 257 285	100.0	254 329 289	100.0
Pesca y Acuicultura Animal	218	0.1	1 543	0.1	1 533	0.1	285	0.0	10	0.0	7 815	0.0	50 280	0.0	17 948	0.0	32 332	0.0	1 588	0.0	61 067	0.0
Minería	207	0.1	4 197	0.3	3 814	0.3	2 586	0.3	583	0.5	181 907	0.3	1 504 719	0.3	643 095	0.2	891 624	0.4	3 363	0.0	1 902 643	0.7
Electricidad Agua y Gas	122	0.0	25 591	1.7	25 516	0.8	25 179	2.8	75	0.1	2 873 025	4.1	15 123 286	2.8	6 589 196	2.2	8 534 090	3.6	3 511 970	23.0	23 207 728	9.1
Construcción	424	0.1	18 782	1.2	17 434	1.2	16 988	1.9	1 346	1.2	672 392	1.0	5 628 813	1.1	3 929 438	1.3	1 591 377	0.7	164 925	1.3	1 302 677	0.5
Industrias Manufactureras	35 543	9.7	483 832	26.6	409 062	28.8	356 422	40.1	44 770	40.2	34 913 669	50.4	348 103 701	64.5	222 241 440	75.4	123 862 241	51.7	6 375 157	41.8	136 061 939	53.5
Comercio al por mayor	8 880	2.4	90 410	5.9	77 436	5.4	66 516	7.5	12 974	11.7	6 224 269	9.0	40 018 279	7.5	11 730 090	4.0	28 280 278	11.8	708 245	4.8	11 776 522	4.6
Comercio al por menor	202 017	55.4	464 959	30.3	442 395	31.1	147 615	16.6	22 473	20.2	8 672 937	9.6	45 866 156	8.6	12 950 176	4.4	32 959 982	13.8	1 309 957	6.2	23 450 965	6.4
Transporte, correos y almacenamiento	2 079	0.6	43 347	2.8	40 723	2.9	35 023	3.9	2 624	2.4	2 851 424	3.8	17 493 762	3.3	6 163 135	3.1	5 310 817	3.5	555 594	3.7	13 573 240	5.3
Información en medios masivos	450	0.1	6 396	0.4	3 936	0.3	3 469	0.4	2 480	2.2	335 007	0.5	8 390 656	1.3	3 761 220	1.3	2 829 333	1.1	43 585	0.3	5 832 673	2.2
Servicios Financieros y de Seguros	279	0.1	3 257	0.2	2 859	0.2	2 551	0.3	376	0.3	474 599	0.7	2 948 397	0.5	1 248 592	0.4	1 597 907	0.6	41 724	0.3	982 654	0.2
Servicios Inmobiliarios y de Alquiler	4 952	1.2	13 797	0.9	11 264	0.8	4 804	0.6	2 623	2.3	237 382	0.3	4 955 216	0.9	2 074 480	0.7	2 880 736	1.2	783 750	5.1	11 471 983	4.5
Servicios Profesionales Científicos y Técnicos	5 734	1.6	34 366	2.2	31 963	2.3	24 166	2.7	2 382	2.1	1 982 442	2.0	7 114 802	1.3	3 435 204	1.2	3 679 308	1.5	122 082	0.8	1 575 111	0.6
Dirección de Corporativos y Empresas	16	0.0	1 136	0.1	1 090	0.1	1 087	0.1	46	0.0	272 880	0.4	554 627	0.1	120 556	0.0	434 071	0.2	3 903	0.0	430 089	0.2
Apoyo a los negocios y manejo de desechos	4 400	1.2	66 576	4.3	63 026	4.4	57 102	5.4	3 550	3.2	4 822 351	6.7	8 008 896	1.6	2 970 376	0.8	6 299 620	2.6	92 977	0.6	2 612 346	1.0
Servicios Educativos	5 194	1.4	80 115	3.9	57 121	4.1	51 376	5.8	2 394	2.2	3 743 221	5.4	9 982 695	1.7	1 927 574	0.7	7 038 381	2.9	784 780	5.1	5 016 499	2.2
Servicios de Salud y de Asistencia Social	9 492	2.6	28 746	1.9	27 003	1.9	11 275	1.3	1 743	1.6	493 149	0.7	2 631 670	0.5	1 273 907	0.4	1 357 763	0.6	65 038	0.6	2 020 650	0.8
Servicios de Esparcimiento	4 544	1.2	16 282	1.1	14 281	1.0	8 045	0.9	1 991	1.8	366 008	0.5	1 705 676	0.3	693 927	0.3	931 748	0.4	4 840	0.0	2 037 276	1.0
Alojamiento y preparación de alimentos	30 239	8.3	98 500	6.4	92 937	6.5	43 181	4.9	5 623	5.1	1 280 014	1.8	10 506 042	2.0	6 404 965	2.2	4 101 087	1.7	254 449	1.7	6 605 357	2.2
Otros servicios excepto gobierno	50 932	14.0	101 460	6.5	98 036	6.9	31 068	3.5	3 422	3.1	1 287 183	1.9	8 274 092	1.5	4 167 131	1.4	4 108 951	1.7	251 892	1.7	4 505 132	1.8

Fuente: SCIAN Sistema de Clasificación Industrial de América del Norte, 2002.
0.0 es dato no significativo estadísticamente.
La suma de los porcentajes puede no coincidir con el total debido al redondeo.
México. Principales resultados, 2003.

Desarrollo Regional

Con el propósito de impulsar las actividades económicas de las PYMES en las diferentes regiones de la Entidad, el Instituto Mexiquense del Emprendedor ha logrado apoyar seis proyectos de integración regional, mismos han sido apoyados con una aportación del Gobierno del Estado de $6,953,000, Secretaría de Economía $1,337,000, Ayuntamientos $2,200,000 y el Sector Empresarial $4,934,131, haciendo un total de $15,424,131, apoyando a 345 empresas y conservando 795 empleos.

Actividades económicas primarias, Ganadería

La población agropecuaria del municipio no es de mucha importancia dado que por ser eminentemente urbano únicamente cuenta con establos y pequeñas granjas que cuenta con 1,583 cabezas de bovino, 3,151 de porcino, 91 de ovino, 149 de caprino y 14,646 aves de corral entre otros. La economía del municipio está basada fundamentalmente en 41046 unidades económicas en el año 2003, que emplean a un total de 98 mil 171 personas, que se desarrollan en los siguientes sectores económicos.

Actividades económicas secundarias, Comercio

Los establecimientos económicos registrados en el municipio en 1993 ascienden a 36,033, de los cuales el 9% son industriales, el 57% comercial y el 33% de servicios, por lo que en el municipio se encuentran todo tipo de comercios.

Actividades económicas terciarias, Industria

La industria establecida en el municipio es principalmente la pequeña y micro industria, dado que en 1975 existían 1,872 industrias, de las cuales 27 corresponden a la gran industria, 20 a la mediana, y 1,212 se ubican en la pequeña industria y 613 son talleres, En 1993 el total de las industrias era de 3,378.

Concepto	Estado de México			Nezahualcoyotl		
	Unidades Económicas	Personal Ocupado	Remuneraciones	Unidades Económicas	Personal Ocupado	Remuneraciones
Manufactura	35889	498205	38459096	3749	14650	313793
Comercio	210897	555279	12897106	22082	43033	42272
Comercio al por mayor	8880	90410	6224269	602	2312	2239
Comercio al por menor	202017	464869	6672837	21480	40721	40033
Servicios	117710	473977	17756460	5562	21618	20331

Fuente: Pagina www.inegi.gob.mx información económica 2003

Unidades Económicas personal Ocupado por Actividad Comercial y/o Industrial censables 2010

Concepto	Estado de México			Nezahualcóyotl		
	Unidades Económicas	Personal Ocupado	Remuneraciones	Unidades Económicas	Personal Ocupado	Remuneraciones
Manufactura	35 465	479 423	37 786 714	3 749	14 656	313 793
Electricidad, Agua y suministro de gas por ductos al consumidor final	122	25 591	2 873 025	0	0	0
Industria Alimentaria	16 063	83 796	5 396 543	1 602	5 291	88 067
Industria de las bebidas y del tabaco	983	9744	1 122 186	162	424	4 027
Fabricación de Insumos Textiles	198	22 488	1 638 062	16	91	2 142
Confección de Productos Textiles, excepto prendas de vestir	318	4 883	211 694	29	119	1 910
Fabricación de prendas de vestir	2 153	37 108	1 384 880	221	1 283	25 193
Fabricación de productos de cuero, piel y materiales sucedáneos, excepto prendas de vestir	421	5 826	201 565	16	85	1 348
Industria de la Madera	1 443	5 649	140 885	142	371	6 635
Industria del Papel	256	20 279	1 533 859	43	223	5 384
Impresión e Industrias conexas	1 439	10 633	690 567	224	633	11 095
Fabricación de productos derivados del petróleo y del carbón	27	2 189	313 287	25	420	27 259
Industria Química	524	38 446	5 893 987	85	765	27 700
Industria del Plástico y del Hule	710	39 342	2 745 717	51	369	12 972
Fabricación de Productos a base de Minerales no metálicos	1 778	21 008	1 491 133	12	62	1 279
Industrias Metálicas Básicas	179	7 912	630 429	642	1 817	32 837
Fabricación de productos metálicos	5 557	38 879	2 094 763	24	278	15 734
Fabricación de maquinaria y equipo	267	11 292	952 707	0	18	486
Fabricación de equipo de computación, comunicación, medición y de otros equipos componentes y accesorios electrónicos	36	5 698	340 352	0	64	1 140
Fabricación de equipo de generación eléctrica y aparatos y accesorios eléctricos	128	15 639	1 332 977	18	127	4 391
Fabricación de equipo de transporte	282	38 770	4 911 296	304	1 396	23 675
Fabricación de muebles y productos relacionados	1 843	19 321	748 962	132	738	18 893
Otras Industrias manufactureras	738	14 930	1 139 838	0	82	1 626

Fuente: INEGI. Sistema automatizado información censal 05 SAIC 05. Página www.inegi.gob.mx información económica 2003

El objetivo principal de este apartado es dejar establecida la descripción de las actividades económicas propias del municipio, en el ámbito regional, es uno de los más importantes gracias a su aportación en el sector de servicios, concentrados principalmente en las actividades comerciales y en la prestación de servicios varios como transporte, salud y educación. Nezahualcóyotl tiene un carácter de municipio dormitorio, que alberga una porción significativa de mano de obra para los municipios aledaños y para el Distrito Federal.

Número de establecimientos por sector de actividad económica La Población Económicamente Activa de la Región IX Nezahualcóyotl era de 478,479 personas de las cuales 470,578 estaban ocupadas y 7,891 desocupados, ubicándose las personas económicas inactivas en 0. 3%.

Porcentaje de la Población Económicamente Activa PEA La Población Económicamente Activa de la Región IX Nezahualcóyotl era de 478,479 personas representando el 52.9%.

Porcentaje de población económicamente activa PEA Sector Primario
Para el año 2010, el municipio (por Región IX) reporta una recuperación pues se incrementan en 10 años un total de 66,172 habitantes más, para dar un total de 478,479 lo que representa en términos relativos el 52.9% de la población total es considerada como PEA. En términos comparativos con la PEA del estado se puede observar que el municipio tiene un porcentaje mayor de PEA en 3 puntos porcentuales más que la reportada por el Estado.

Porcentaje de PEA Sector Secundario
El sector secundario para este año participa (por Región) con el 24.33%, en este caso se registra un decremento en su participación con respecto al total de la PEA del municipio; pues se redujo en 7.03 puntos porcentuales con respecto a los datos de 1990. Esto significa en número absolutos que el sector concentra 114,497 personas. Esta disminución se explica a partir del cambio en la estructura del empleo, pues las personas que en 2010 se empleaban en este sector cambiaron a actividades propias del sector terciario. En otras palabras mientras el sector terciario va en aumento, el sector secundario y primario va a la baja. Para el caso del sector primario, que es el menos importante del municipio, tenemos que tan sólo el 0.15% de personas del total de la PEA se ocupan en actividades características de este sector.

La disminución de personas ocupadas en este sector, se justifica gracias a las características físicas del propio municipio. A través del proceso de poblamiento, Nezahualcóyotl perdió las superficies con vocación para desarrollar este tipo de actividad económica. Las pocas áreas disponibles aptas para este tipo de actividad, se han reducido al mínimo, y sólo 694 personas realizan aún actividades laborales dentro del sector primario. En el ámbito regional, el municipio es uno de los más importantes gracias a su aportación en el sector de servicios, que principalmente concentra las actividades comerciales, prestación de servicios varios como transporte, salud y educación. Nezahualcóyotl tiene un carácter de municipio dormitorio, que alberga una porción significativa de mano de obra para los municipios aledaños y para el Distrito Federal.

Porcentaje de PEA Sector Terciario
Para 1980 se registra mayor dinámica del sector terciario, el cual para ese año ocupó al 37.44% de la población total ocupada, lo cual significó un incremento de 93,844 personas con respecto a la década anterior: mientras que el sector secundario se ubicó

en segundo lugar con 131,147 habitantes, es decir 31.55% del total; en términos absolutos se observa un crecimiento de estos sectores, sin embargo, en términos relativos se advierte una disminución en su participación con respecto a la década anterior, hecho que se explica al observar los datos no especificados, los cuales aumentaron en gran proporción con respecto a 1970. Por otra parte, el sector primario continúa una baja participación con tan sólo 3,255 habitantes que es el 0.78%, lo cual apunta a su gradual desaparición en las próximas décadas. Para 1990 el sector terciario se consolidó aumentando su participación al 62.21% del total de la PEA ocupada; por su parte, el sector secundario se mantiene con el 31.36% y finalmente, el sector primario continúo decreciendo ya que registro una participación mínima con 1,046 habitantes, es decir, 0.25% de la PEA total. El municipio para el año 2000, (por Región) presenta un comportamiento similar al registrado en las dos últimas décadas, pues el sector terciario ocupó a un total de 335,385 que significa un incremento en diez años de 86,672 personas empleadas en este sector. La representación en términos porcentuales de este sector asciende a 71.3%.

Índice de Especialización Económica

La Población Económicamente Activa del Estado de México tiene una distribución por cada sector de actividad, de la siguiente manera: en cuanto al sector primario que se caracteriza por las actividades agrícolas, concentra el 5.2% de la PEA. Este sector con respecto a los otros sectores es el que tiene menos peso a nivel estatal. El sector secundario cuya actividad principal son las actividades en la manufactura e industria, que uno de los sectores más importantes del Estado, debido a que representa el 31.18%.

Por último el sector terciario concentra un 53.54%, teniendo como actividades características el comercio y los servicios. Para el caso de Nezahualcóyotl el comportamiento de los sectores es similar, actualmente el sector primario aporta tan sólo un 0.15%, lo que significa que solamente 694 personas se ocupen inactividades de agricultura, ganadería, actividades forestales, caza y pesca.

Dado las condiciones del municipio es evidente que este tipo de actividades se concentran en las personas que se dedican a actividades de agricultura y ganadería, quedando anulada toda posibilidad de que estas pocas personas se ocupen en las restantes actividades propias del sector. El sector secundario concentra al 24.33%, siendo las actividades principales las relacionadas con: la industria manufacturera, seguida por la construcción, con 77% y 21% del total de la PEA del sector respectivamente.

El caso del sector terciario sin duda es el que concentra a más población, pues reporta el 71.27% del total de la PEA municipal. En este sentido las actividades con más peso al interior del sector son: el comercio que participa de manera importante con el 36%, las actividades de otros servicios, excepto gobierno con el 13%, las ramas 48 y 49 que se refieren a transporte, correos y almacenamiento y por último los servicios de hoteles y restaurantes con el 8%. Es interesante observar que este grupo de actividades dentro del sector aportan el 57% del total de las actividades desarrolladas del sector terciario.

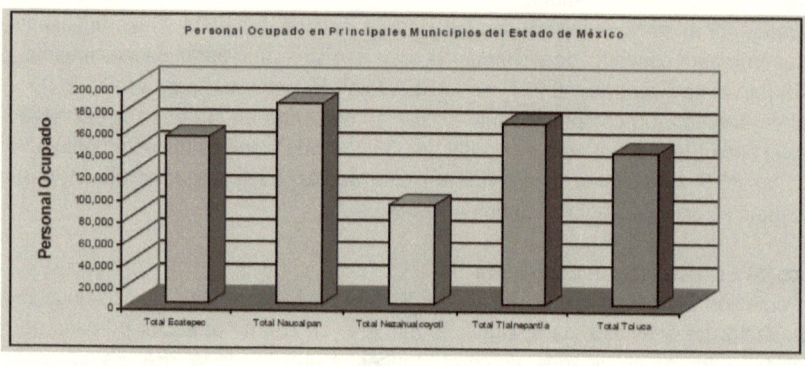

Región IX Nezahualcóyotl

Grado de Marginación y Lugar que Ocupa En el Contexto Estatal por Municipio 2010

Municipio	Población	Índice de Marginación	Grado de Marginación	Lugar que Ocupa en el Contexto Estatal
Nezahualcoyotl	1 140 528	-172,076	Muy Bajo	117

FUENTE CONAPO: Índices de Marginación, 2005.

Tasa de Dependencia Económica (TDE) 2005	0.54 %
Tasa Neta de Participación Económica (TNPE) 2005	0.74 %
Índice de Especialización Económica (IEE) Sector primario	0.03 %
Índice de Especialización Económica (IEE) Sector secundario	0.78 %
Índice de Especialización Económica (IEE) Sector terciario	0.12 %

Fuente: INEGI, XI, XII. Censo General de Población y Vivienda, Estado de México 2000. INEGI, Anuario Estadístico del Estado de México, 2000.

Impacto Económico en los Negocios, Originado por el Sistema de Transporte Publico "Mexibus", en Cd. Nezahualcóyotl, Edo. de México

2013

Croquis de distribución de la Población Económicamente Activa

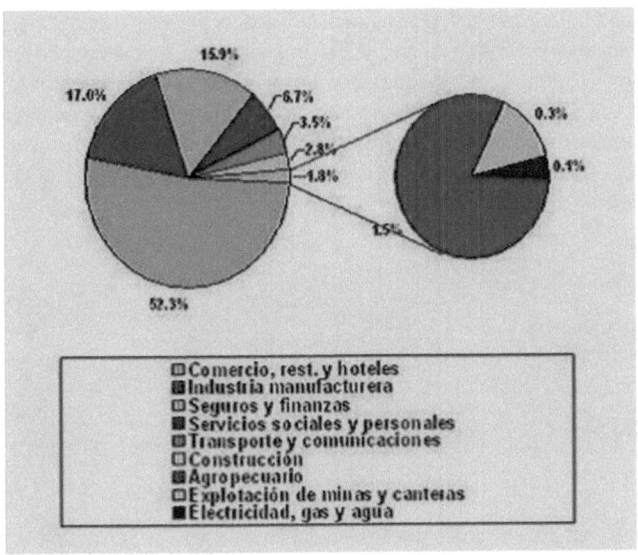

Empleo Municipal

El personal ocupado por las unidades económicas muestra un comportamiento parecido al de los incrementos de las unidades económicas. De tal suerte que para el sector manufacturero en 1988 incorporó a 7,785 personas, las cuales se incrementaron para 2010 hasta alcanzar un total de 13,044 habitantes incorporados en actividades industriales. Significa que se incrementó 1.7 veces con respecto a 1988. De tal suerte que tenemos un promedio de 4 trabajadores por cada unidad económica. El sector comercial de igual manera, incorpora más unidades económicas y al mismo tiempo, concentra un mayor número de empleados que el sector industrial. De esta manera, el sector comercial logró dar empleo en 1988 a 24,194 personas aumentando en 5 años a 36,397 empleados. Esto significa un incremento de 1.5 veces más para 2010. Para 2012 el sector servicio muestra 25,275 personas empleadas en actividades propias del sector terciario. El promedio de empleados por unidad económica para los sectores de comercio y servicios es de 2 empleados.

Este promedio es constante en las dos fechas analizadas, lo que significa que los incrementos han sido proporcionales entre las unidades económicas y el personal Empleado, las condiciones actuales del empleo municipal a partir de la población económicamente activa total, porcentaje de la población ocupada, porcentaje de población desocupada, tasa de desempleo abierto y porcentaje de población ocupada asalariada; que permitirá conocer las actividades productivas locales y la situación del empleo y desempleo, así como la capacidad que mantiene la planta productiva del Municipio y lo que se puede describir del municipio es que esta convertido en una metrópoli, por lo tanto las actividades comerciales son en microempresas o negocios establecidos, ya que este municipio no cuenta con grandes zonas industriales, es por ello que la población asalariada es un porcentaje mínimo, y las personas ocupadas en pequeñas actividades comerciales, representan la mayoría de la población económica pero que no están asalariadas.

Lista de Indicadores	
Porcentaje de PEA total	48%
Porcentaje de Población Ocupada Total	39.5%
Tasa de Desempleo abierto (TDA)	7%
Porcentaje de Población ocupada asalariada	39.50%
Fuente INEGI 2004 XII Censo Económico 2003. Resultados Definitivos	

Vivienda

La vivienda es una construcción cuya principal función es ofrecer refugio y habitación a las personas y sus enseres y propiedades, protegiéndoles de las inclemencias climáticas y de otras amenazas naturales. El inventario habitacional en Nezahualcóyotl prácticamente se encuentra en una fase de consolidación, suficiente para albergar al grueso de la población residente en el lugar.

Si a ello sumamos las tasas de crecimiento demográfico marginales, observamos que por un lado, los índices de hacinamiento se redujeron sensiblemente alcanzando 4.5 habitantes por vivienda, y por otra parte, muestra que no habrá incrementos significativos de población demandante de vivienda nueva, en todo caso, ésta se reciclará. Es la base del patrimonio familiar y es al mismo tiempo, condición para tener acceso a otros niveles de bienestar.

Región IX Nezahualcoyotl
Viviendas Particulares Habitadas Por Municipio Según Disponibilidad de Servicios 2005

Región	Total	Viviendas			Participación Porcentual			Estructura Porcentual		
		Con Agua	Con Drenaje	Con Energía Eléctrica	Con Agua	Con Drenaje	Con Energía Eléctrica	Con Agua	Con Drenaje	Con Energía Eléctrica
Total Regional	267842	265281	265732	264864	99	99.2	98.9	100	100	100
Nezahualcoyotl	267842	265281	265732	264864	99	99.2	98.9	100	100	100

Viviendas individuales
Es aquel edificio habitado por una única familia que no está en contacto físico con otras edificaciones. Normalmente están rodeadas por todos sus lados por un terreno perteneciente a la vivienda, en el que se suele instalar un jardín privado. En este aspecto hay variantes; así, la vivienda puede tener uno, varios o todos sus lados alineados con la vía pública.

Viviendas colectivas
Es una vivienda que comprende de una o más habitaciones diseñadas para proporcionar espacios completos para una familia o individuo. Las viviendas colectivas son una solución actual a la economía, ya que se realiza mediante el aprovechamiento de partes generales y en las instalaciones complementarias de agua, drenaje y luz eléctrica, un ahorro considerable en aprovechamiento de muros, etc. Son construidas de forma vertical y horizontal.

Análisis de la vivienda
La finalidad del análisis de la vivienda es que el municipio se encuentra poblado en su totalidad, y, por tal motivo la población emigra a otros municipios como Ecatepec y Tecámac en los cuales por medio de constructoras han construido gran cantidad de viviendas, para satisfacer las necesidades de la población.

El desarrollo de este apartado, se realiza considerando entre otros los siguientes indicadores para el análisis e identificación de la vivienda:

Densidad de viviendas con drenaje 265,732
Densidad de vivienda con agua entubada 265,281
Densidad de viviendas con electricidad 264,864
Densidad de vivienda 267,842

Nezahualcoyotl

Extensión Territorial	6,344 Ha	63,44 km2
Urbano	5057 Ha	79.71%
Federal	1,187 Ha	18.71%
Extensión Territorial	6,823 Ha	682.3 km2
Suelo Urbano	6,533 Ha	95.75%
Habitacional	4,795 Ha	70.28%
Mixto	332 Ha	4.87%
Comercio y Servicios	408 Ha	5.98%
Industria	37 Ha	0.54%
Equipamiento	594 Ha	8.71%
Recreación y espacios abiertos	387 Ha	5.38%
Vialidad Primaria	N/d Ha	N/d
Otros	N/d Ha	N/d
Número de Habitantes	1,140,528	
Hombre	553,113	48.50%
Mujer	587,415	51.50%
Número de Viviendas	275,187	
Casa Independiente	59.98%	
Departamento en edificio	20.40%	
Vivienda o cuarto en vecindad	15.84%	
Necesidades anuales de Vivienda (2001-2010)	7,558	
Nueva	375	
Mejoramiento	7,183	
Créditos	127	
Inversión Total (en miles de pesos)	53169.6 $	
Inversión promedio por vivienda	418.66 $	
Densidad Habitacional Hab/ha	179.78	
Densidad Habitacional Hab/Km2	17,978.10	
Densidad por vivienda	4.15	
Densidad por hogar	4.1	
Hogares por entidad y sexo	277,863	
Jefe Hombre	207,628	74.72%

Fuente INEGI

Características de la Vivienda por Localidad

Localidad	Total de Viv. Particular	Viv. Techo no Loza	Viv. Muro No Tabique	Viv. Piso no Firme
Nezahualcóyotl	267,842	0	83947	0

Vivienda Particular Municipal por su disponibilidad de agua entubada y energía eléctrica

Localidad	Total de Viv. Particular	Viv. Techo con Agua	Viv. Con Drenaje	Viv. Con Electrificación
Nezahualcóyotl	267,842	265,281	265,732	264,864

Fuente: IGECEM 2009

Sistema de Localidades de los Asentamientos Humanos

Se le conoce al establecimiento de personas que se reúnen en conjunto para convivir físicamente en un área determinada. En estas localidades existen zonas de servicios integradas por inmuebles educativos, de salud, de seguridad pública y gubernamentales, espacios deportivos, culturales y recreativos; principalmente dotados de infraestructura básica de agua potable, drenaje, pavimentación, alumbrado público y equipamiento urbano; sin embargo sufren un enorme rezago por la falta de mantenimiento preventivo, siendo indispensable realizar mantenimientos correctivos y crear programas permanentes que tengan como objetivo reactivar y poner en óptimo funcionamiento todo el equipamiento urbano. Nezahualcóyotl no tiene zonas de expansión territorial, las áreas sin urbanizar son relativamente pequeñas y pueden servir, casi exclusivamente, para el equipamiento municipal, instalación de una zona industrial y consolidación de otra como reserva ecológica. El municipio se integra por 73 colonias y todas tienen accesibilidad inmediata con la cabecera municipal. Existen dos asentamientos ubicados en los tiraderos a cielo abierto, el Urbyna 1 y Urbyna 2, INEGI los considera localidades rurales, sin embargo éstos no reúnen las características para ser catalogados de tal forma.

Ubicarse en una zona física para realizar actividades de convivencia y así mismo crear nuevas comunidades caracterizadas por costumbres propias.

Características
Tienen costumbres de convivencia similares
Se distribuyen de acuerdo a su nivel económico
La población se organiza de manera que puedan contar con una identidad propia y reconocimiento por parte de las autoridades.

1°. Las comunidades se tendrán que desarrollar de acuerdo a sus características y ante todo obtener el reconocimiento ante las cabeceras municipales. Contaran con diferentes fases:

a. Fase de Descripción. Es el hecho de que los asentamientos se describirán, tomando en consideración su tamaño, y sus características fisiogeográficas del lugar en que se desarrolla.

b. Fase de Análisis. En la cual se evaluara la jerarquía del asentamiento de acuerdo con la densidad de población.

SISTEMA DE LUGARES CENTRALES
Es un mecanismo de identificación de las comunidades de acuerdo con una jerarquía obtenida de acuerdo con características poblacionales y cobertura de los servicios que tiene y sobre todo su infraestructura, es decir, educación, salud, comercio, abasto y transporte. Su procedimiento de identificación se especifica de acuerdo con escalogramas los cuales nos van a permitir tener un diagnóstico de las comunidades en el aspecto económico, social y de seguridad pública

Escalograma de Establecimientos Municipales

Localidad	Educación Secundaria	Educación Profesional Medio	Educación Bachillerato Equivalente	Universidades	Salud Unidad Familiar del IMSS	Salud Unidad Familiar del IMSS	Salud Centro Hospitalario SSA	Comercio Mercado Público	Comercio Tiendas Institucionales	SEDENA	Abasto Centro de Acopio de Frutas y Hortalizas	Abasto Rastro	Administración Pública Comandancia de Policía	Administración Pública Of. De Hacienda Federal	Administración Pública del Min Estatal	Sucursales Bancarias	Camas Sensables	Comercio al Por Mayor	Comercios al Por menor	Establecimientos Económicos
Cobertura	90%	90%	90%	90%	90%	90%	90%	90%	90%	90%	0	0	90%	90%	90%	90%	90%	90%	90%	90%

DISTRIBUCIÓN DE LA POBLACIÓN TOTAL SEGÚN TAMAÑO DE LA LOCALIDAD, 2000-2005										
	2000					2005				
	Población que habita en localidades					Población que habita en localidades				
	menor es a 2,500 hab.	de 2,50 0 a 14,9 99 hab.	de 15,0 00 a 49,9 99 hab.	de 50,000 a 99,999 hab.	de más de 100,000 hab.	menor es a 2,500 hab.	de 2,500 a 14,999 hab.	de 15,000 a 49,999 hab.	de 50,00 0 a 99,99 9 hab.	de más de 100,000 hab.
MACRO REGIÓN III. ORIENTE	363,2 25	836, 329	588, 995	272,595	7,693,950	361,9 29	944,992	622,118	434,9 24	8,098,45 8 77.4%
Nezahualcóyotl	889	0	0	0	1,225,083	409	3,819	0	0	1,136,30 0 99.6%

Fuente(s): www.inegi.com:

Imagen Urbana

Es el conjunto de elementos naturales constituidos y establecidos como centro de atención cultura y recreación. Centro Histórico Es el sitio donde se encuentran los referentes culturales tradicionales y de arraigo de la población local; el espacio donde convergen las más disímbolas actividades como son: comercio, mercado, servicios, cultura y recreación, alojamiento, habitación y actividades financieras de administración.

Palacio Municipal de Nezahualcóyotl

Edificio de estilo modernista y funcional, sede de la autoridad legal y administrativa del municipio de Ciudad Nezahualcóyotl, fue inaugurado el 15 de septiembre de 1983 y se encuentra asentado dentro del conjunto denominado "Plaza Unión de Fuerzas" (en memoria de las organizaciones fundadoras del municipio), que abarca una extensión de 5725 m²; el Palacio Municipal es un edificio de tres niveles, rodeado de cuatro pirámides y cinco monumentales esculturas en bronce del Rey poeta Nezahualcóyotl, Moctezuma, Cuauhtémoc, José María Morelos y el Padre de la Patria Miguel Hidalgo y Costilla. Se localiza en Av. Chimalhuacán S/N, Colonia Benito Juárez. Patrimonio histórico

Orquesta Sinfónica Infantil de Nezahualcóyotl (OSIN) y Banda Sinfónica de Nezahualcóyotl, la Orquesta Sinfónica Infantil fue creada en 1998, se compone de 45 elementos (cuyas edades fluctúan entre los 6 y 17 años), es la única institución de este tipo en el Estado de México, así como una de las dos en su género en todo el país, contando a la de la Ciudad de México. Entre otros reconocimientos, esta joven Institución orgullosamente Nezahualcoyoenses, ha obtenido el "Premio estatal de la juventud 2002". Cuenta en su haber con unos 200 conciertos, gran parte de ellos presentados fuera de nuestra Ciudad. Dirigida por el Maestro Roberto Sánchez Chávez, la OSIN, junto con la Banda Sinfónica de Nezahualcóyotl que en el 2003 cumplió XXV años de formada, agrupación que reúne a 42 excelentes músicos dirigidos por el profesor Roberto Sánchez Paz, constituyen el orgullo musical del municipio 120 del Estado de México.

Estadio de la Universidad Tecnológica de Nezahualcóyotl. Neza 86. Inicialmente inaugurado en 1981 como Estadio "José López Portillo", es reinaugurado en 1986 en el marco del Campeonato Mundial de Futbol "México 86"; tiene capacidad para 28 mil aficionados, muy buena visibilidad del escenario desde cualquier punto, pues las gradas no están alejadas de la cancha, tiene 800 cajones de estacionamiento, 4 accesos al público, e igual número de puestos de emergencia en dichas entradas; se ubica dentro de las instalaciones de la Universidad Tecnológica de Nezahualcóyotl (UTN). Ha sido la sede de los equipos del futbol profesional "Coyotes Neza", "Osos Grises", "Toros Neza" y a partir del año 2002, en que se volvió a remodelar y acondicionar, fue la casa del Club de futbol "Atlante", de primera división. Se ubica en Av. Lázaro Cárdenas S/N, colonia Benito Juárez.

Zoológico de Nezahualcóyotl (Parque del Pueblo). Asentado en una extensión de 8,5 ha, abrió sus puertas el 10 de mayo de1975, sin embargo desde el 2001 y luego de tres años de profunda rehabilitación y modernización, fue reabierto nuevamente el 5 de febrero de 2003; el parque es el único en su tipo en la zona oriente del Estado de México, cuenta con un museo de historia natural, espacios para talleres educativos, un lago, teatro al aire libre y el zoológico, que alberga a 260 animales de 57 distintas especies, 31 de ellas en peligro de extinción; vale la pena mencionar que en el Zoológico de Nezahualcóyotl han nacido en los últimos meses diversos animales como el venado cola blanca, tigre de bengala, llama, bisonte y coyotes.

El parque zoológico recibe semanalmente un promedio de 20 mil visitantes, el cobro simbólico es de 5 pesos, abre de martes a domingo, de 10 a 18 y se ubica en Av. Sara García S/N, esquina San Esteban, colonia Vicente Villada, CD. Nezahualcóyotl México.

Catedral de Nezahualcóyotl. Llamada formalmente iglesia de "Catedral de Jesús Señor de la Divina Misericordia", es una moderna construcción inaugurada el 20 de noviembre del 2000 por el ex obispo José María Hernández González, y cuenta con una capilla adjunta, un armonioso atrio, una librería, estacionamiento para 50 vehículos y retablos exteriores donde el visitante puede conocer y leer la oración del "padre nuestro" en seis idiomas: Español, latín, náhuatl, hebreo, arameo y griego.

Monumento a Nezahualcóyotl (Glorieta de Santa Cecilia) y la Cabeza de Coyote de Enrique Carvajal Sebastián.

El lugar en donde ahora se encuentra la escultura monumental cabeza de coyote ,antes de la fundación de Nezahualcóyotl ,este lugar era conocido como el "tinaco" , el cual era una estructura de unos 10 metros de altura con un depósito de agua en la parte superior, y en donde ,los primeros pobladores de Cd. Neza se abastecían de agua , ya que no se contaba con este servicio en el lugar, que en ese entonces, era parte del municipio de Chimalhuacán; al correr del tiempo ese símbolo se derribó y dio origen a la glorieta en donde se construyó una fuente; Y ahora es el lugar donde se asienta la majestuosa escultura "La cabeza de coyote"; como dato curioso el día de la inauguración de dicha escultura el artista Enrique Carvajal Sebastián se encontraba en el extranjero por lo cual no asistió y en su representación acudió su esposa.

Importancia

Con el objeto de reconocer los componentes principales de la imagen urbana y detectar los problemas perceptivos que se presentan en el marco construido del municipio, se ha realizado un levantamiento físico, con la finalidad de poder definir las principales características en función de la imagen urbana para Nezahualcóyotl. El municipio actualmente cuenta con 8 fuentes, 5 monumentos, 1 paseo Escultórico con 4 obras, 4 bustos, 2 Plazuelas, y el Coyote ubicado en la Glorieta de la Avenida Pantitlán y Avenida López Mateos. Desde el punto de vista de lo perceptual, los elementos que estructuran la imagen urbana son al mismo tiempo estructuradores del funcionamiento de la ciudad y elementos de significación generalmente de tipo visual, cumpliendo así un doble papel. Por un lado en términos prácticos una plaza sirve como un punto de referencia, de confluencia y en paralelo es un elemento que facilita la socialización del espacio y la configuración espacial de un barrio, colonia o distrito.

La imagen urbana de la ciudad es un buen indicador de su orden, los elementos que la componen facilitan su funcionamiento y tal vez una de los atributos más importantes es el de ser el principal elemento de vinculación de la población con su ciudad, fomentando así el arraigo de la población a su lugar de residencia y por lo tanto un factor primordial en la identidad de las personas o de los grupos sociales. Retomando estos elementos para aplicarlos en el municipio de Nezahualcóyotl el cual presenta una traza urbana reticular, estructurada a partir de vialidades primarias, secundarias y de orden local que distribuyen en forma ortogonal los flujos tanto de personas como de vehículos.

Este tipo de distribución permite lograr desplazamientos hacia diferentes zonas a través de la continuidad de grandes ejes estructuradores. La imagen urbana es homogénea en relación al deterioro de los camellones localizados principalmente sobre las vialidades primarias. Al igual que la falta de vegetación suele ser una característica que no solo se encuentra en Nezahualcóyotl; sino que caracteriza a la zona oriente de la Zona Metropolitana de la Ciudad de México. Por otro lado el tipo de vivienda refleja gran parte de la imagen urbana perceptual, pero en donde se tiene que poner más énfasis es el criterio cualitativo, pues la vivienda es en gran parte el reflejo de la calidad de vida de la población. De esta forma, la zona norte presenta notables diferencias en su imagen urbana, por un lado las colonias Bosques de Aragón, Valle de Aragón, Prados de Aragón, son de tipo residencial con una traza urbana irregular pero que permite al interior de ésta garantizar flujos sobre sus vialidades. Al mismo tiempo en estas colonias se encuentran zonas amplias destinadas a áreas verdes.

Conservación del Medio Ambiente
Parques de recreación y áreas naturales
Son las zonas naturales destinadas a la recreación y el esparcimiento para los habitantes de Ciudad Nezahualcóyotl.

Uno de los principales objetivos es brindar a la comunidad espacios en donde se pueda reunir de manera armoniosa, a realizar actividades deportivas, culturales y de recreación.

En el municipio Nezahualcóyotl, cuenta con tres parques: un parque ambiental, el Parque del Pueblo y Jardín Bicentenario esta última destaca la labor del Gobernador del Estado de México Lic. Enrique Peña Nieto el cual con esta obra ofrece a los pobladores una opción más de alternativas de recreación y de educación, es por ello que nuestro municipio se vio fortalecido con estas obras las cuales le traerán a la comunidad, una imagen diferente.

Recursos forestales
Es el conjunto de zonas boscosas de esparcimiento, que brindan una mejor calidad en la atmosfera, en el Municipio Nezahualcóyotl, es un municipio que se caracteriza por no contar con áreas verdes boscosas.

No se cuenta con áreas naturales y/o boscosas es por ello que lo que más se pretende en el municipio es preservar las zonas verdes ya existentes y de parques, jardines, camellones y zonas susceptibles de convertir en áreas ecológicas.

Nezahualcóyotl es un municipio interesado en la preservación de los espacios, cada día se encuentra más preocupado por proporcionar mantenimiento de todas las zonas en donde se trate de conservar una bonita imagen, aunque esto es complicado, ya que la urbe es demasiado grande, y el primer paso sería el fomentar una cultura ambiental, de conservación de una imagen pulcra de todas las vialidades.

Contaminación de los Recursos Aire, Agua y Suelo
Se entiende por contaminación a la presencia en el ambiente de partículas perjudiciales para la salud, esto originado por los seres humanos. Fuentes móviles. Los vehículos son una fuente significativa que proporciona altos índices de contaminaciones, principalmente en el aire, es por ello que se toman medidas preventivas.

Nezahualcóyotl cuenta con altos índices de contaminación, tanto en el aire, agua y suelo, atrae grandes costos al municipio al tratar de contrarrestarla es por ello que se requiere hacer un análisis de orígenes de los diferentes tipos de contaminación:

Aire. Ocasionada por los vehículos automotores que circulan diario, para lo cual se establecen programas vehiculares, como medidas de contingencia, por ejemplo el hoy no circula, que se establece a nivel Estado de México y con la colaboración de entidades circunvecinas.

Agua. Se origina principalmente en los drenajes de Ciudad Nezahualcóyotl, los cuales necesitan de amplio mantenimiento, ya que emiten contaminantes al medio ambiente.

Suelo. Esta contaminación es más persistente, ya que diario se generan grandes cantidades de desechos, los cuales contaminan el ambiente sobre manera.

Para los diferentes tipos de contaminación existen diversas medidas y metodologías para implementar mecanismos de prevención, como son:
1. Aire, para este tipo de contaminación existen medidas de prevención y se efectúa por medio del Programa Hoy no circula y va de acuerdo a los índices de contaminación.
2. Agua. Se establece el desazolvé y mantenimiento de los drenajes, y plantas tratadoras de agua.
3. Suelo. Se establecen programas integrales de separación en donde se clasifica la basura para su reciclaje.

Diagnostico ambiental por Municipio del recurso aire										
Municipio	Fuentes Movieles	Fuentes Fijas	Industria de Riesgo	Emisor	Tabiqueras	Hornos Alfareros	Gasolineras	Graseras	Ductos de Pemex	Incendios Industriales	Incendios Forestales
Nezahualcóyotl	90%	20%	15%	50%	0	0	986	15	0	0	0

Diagnostico ambiental por Municipio del recurso suelo							
Municipio	Superficie Agrícola (%)	Uso Indiscriminado de agroquímicos	Erosión	Superficie Erosionada (ha)	Residuos Sólidos (ton/día)	Lugar de Disposición	Rellenos Sanitarios Regional
Nezahualcóyotl	0%	0%	0%	0%	25 ton.	0	0

Pilar/Cimiento		Conservación del Medio Ambiente			
Tema y Subtema Clave para el Desarrollo	Programa de la Estructura Programática	Fortalezas (Análisis de lo Interno)	Oportunidades (Análisis de los Externo)	Debilidades (Análisis de lo Interno)	Amenazas(Análisis de lo Externo)
Seguridad Económica	**Protección al Medio Ambiente**				
	Conservación del Medio Ambiente	Existen grandes medios legales bien fundamentados legalmente respecto las medidas ambientales	Es una gran oportunidad de rescate de algunos espacios para destinarlos al medio ambiente, que si no son muchos van a dar la pauta para una imagen más natural	No se cuenta con grandes espacios naturales y ninguna actividad agrícola, ganadera etc.	Si suceden eventos naturales fortuitos los cuales vendrán a desestabilizar a nuestro mínimo ecosistema y la comunidad

ENCUESTAS A LA COMUNIDAD

Para atender la Demanda Social se dio a la tarea de realizar encuestas tomando una muestra de 1000 habitantes abarcando las 73 colonias que conforma nuestro Municipio, las cuales fueron realizadas casa por casa en diversos horarios para obtener la opinión tanto de estudiantes, amas de casa, jefes de familia, comerciantes, etc. Siendo este un mecanismo importante para la integración del Plan de Desarrollo Municipal 2009 – 2012, los resultados son un área de oportunidad para el Gobierno y así dar solución a la Demanda Social.

Metodología de la aplicación de encuestas: Los equipos de trabajo para encuestar se construyeron con estudiantes de la Universidad Autónoma del Estado de México (UAEM), de la carrera de Ingeniería en Transporte jóvenes de servicio social pertenecientes a la misma universidad. Las primeras 300 encuestas se aplicaron en la Zona Norte en un periodo de una semana, aplicando aproximadamente 60 encuestas por día.

Las 700 encuestas restantes se aplicaron en la Zona Centro en un periodo de 2 semanas, designando cerca de 70 encuestas por día para cubrir el total del territorio mencionado. De esta manera pudimos obtener un panorama claro y verídico acerca de la situación que realmente se vive en nuestro Municipio.

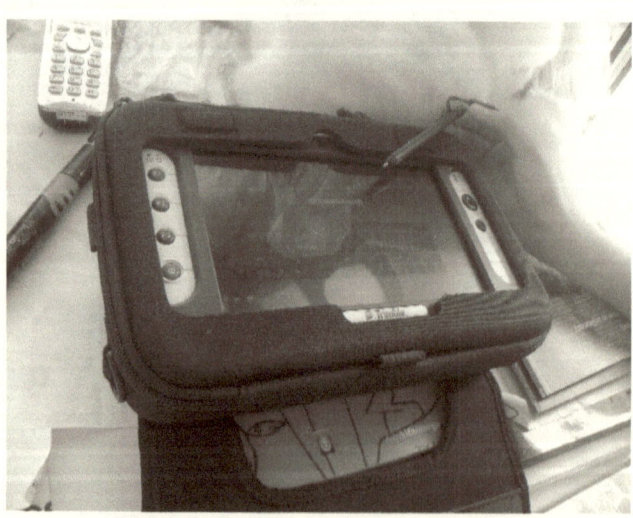

- Agua Azul Grupo A Súper 4
- Agua Azul Grupo B Súper 23
- Agua Azul Grupo B Súper 4
- Agua Azul Grupo C Súper 4 Y Súper 23
- Agua Azul Sección Pirules
- Amipant
- Ampliación Campestre Guadalupana
- Ampliación Ciudad Lago
- Ampliación Ciudad Lago
- Ampliación Ciudad Lago Asa
- Ampliación Ciudad Lago Triangulo
- Ampliación Evolución
- Ampliación General José Vicente Villada Oriente
- Ampliación General José Vicente Villada Poniente
- Ampliación General José Vicente Villada Súper 43
- Ampliación General José Vicente Villada Súper 44
- Ampliación Las Águilas
- Ampliación Romero Sección Las Fuentes
- Ángel Veraza
- Atlacomulco
- Aurora Oriente
- Aurora Primera Sección
- Aurora Romero
- Aurora Sección A
- Aurora Segunda Sección
- Aurora Sur
- Aurora Tercera Sección
- Aurorita
- Bosques De Aragón
- Campestre Guadalupana
- Central
- Ciudad Lago
- Comunicaciones A.C.
- Constitución De 1857
- Cuchilla Del Tesoro

- El Barco Primera Sección
- El Barco Segunda Sección
- El Barco Tercera Sección
- El Sol
- Estado De México
- Evolución
- Evolución Poniente
- Evolución Súper 22
- Evolución Súper 24
- Evolución Súper 43
- Formando Hogar
- Fraccionamiento Rey Nezahualcóyotl
- General José Vicente Villada
- Impulsora Popular Avícola
- Izcalli Nezahualcóyotl
- Jardines De Guadalupe
- Joyita
- Juárez Pantitlán
- La Esperanza
- La Perla
- Las Águilas
- Las Antenas
- Las Armas
- Loma Bonita
- Los Olivos
- Lotes Sección San Lorenzo
- Manantiales
- Maravillas
- Martinez Del Llano
- Metropolitana Primera Sección
- Metropolitana Segunda Sección
- Metropolitana Tercera Sección
- México Primera Sección
- México Segunda Sección
- México Tercera Sección
- Mi Retiro
- Modelo
- Nezahualcóyotl Primera Sección
- Nezahualcóyotl Segunda Sección

- Nezahualcóyotl Tercera Sección
- Nueva Juárez Pantitlán I
- Nueva Juárez Pantitlán II
- Nueva Juárez Pantitlán III
- Parque Industrial Nezahualcóyotl
- Pavón Sección Silvia
- Perete
- Plazas De Aragón
- Porfirio Díaz
- Porvenir
- Prados De Aragón
- Reforma
- Reforma A Sección 1

- Romero
- San Agustín Atlapulco
- San Mateito
- Santa Martha
- Tamaulipas
- Tamaulipas Sección El Palmar
- Tamaulipas Sección Las Flores
- Tamaulipas Sección Virgencitas
- Valle De Aragón
- Vergel De Guadalupe
- Villa De Los Capulines
- Volcanes
- Xochitenco

Colonias que forman parte del municipio, que aún no han sido inscritas en el Instituto de la Función Registral:

1. Ampliación El Sol
2. Área Homogénea 089 denominada Camellones de Periférico.
3. Ciudad Jardín Bicentenario
4. Lázaro Cárdenas también conocida como Canal de Sales
5. Polígono del Bordo de Xochiaca

Las siguientes graficas arrojan el concentrado de datos por colonias propias del Municipio:

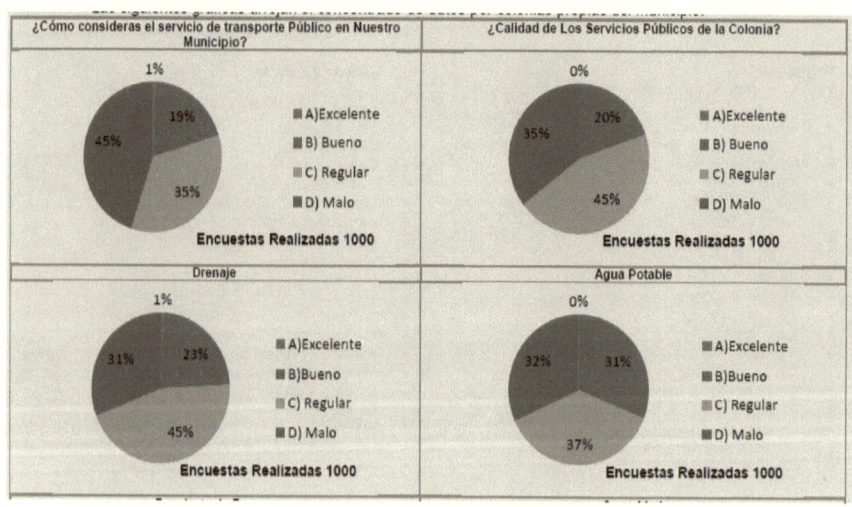

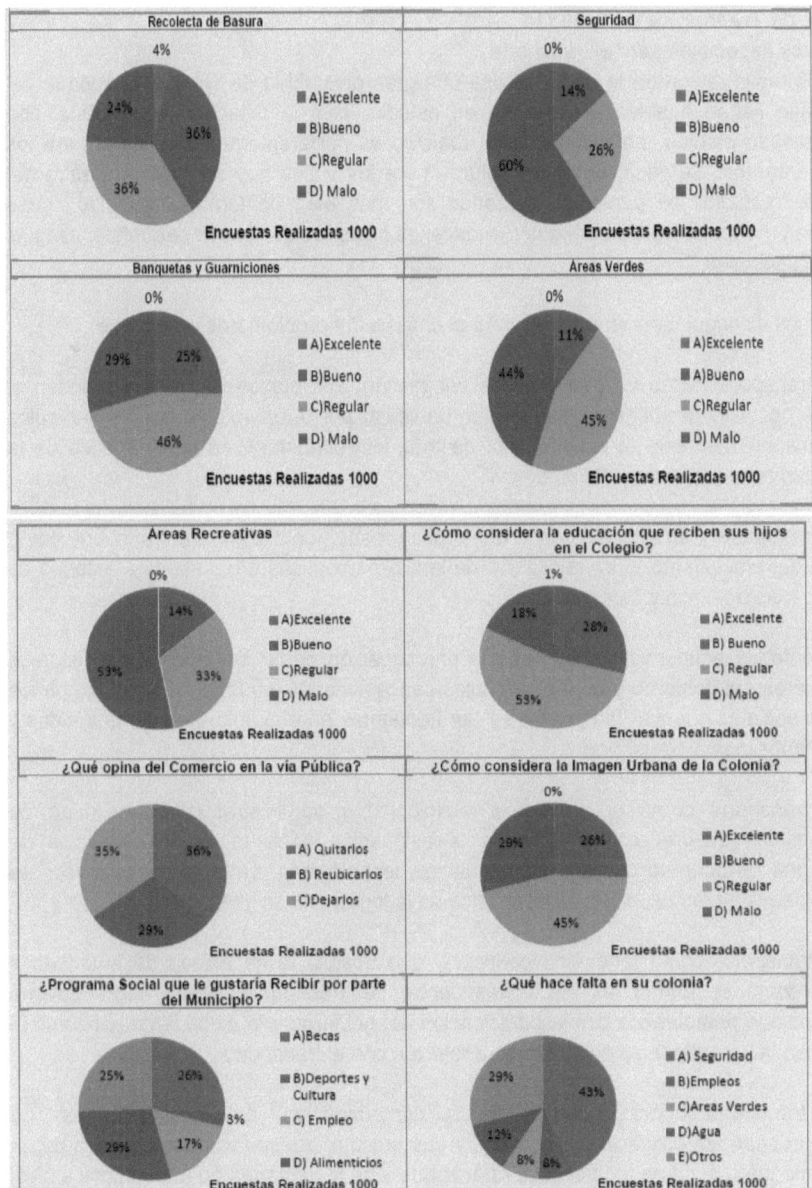

Impacto Económico en los Negocios, Originado por el Sistema de Transporte Publico
"Mexibus", en Cd. Nezahualcóyotl, Edo. de México

2013

Oferta de Transporte y Movilidad

Atributos especiales para el transporte

Para la movilización de la carga se usa una gran diversidad de vehículos, aunque del total que llegan o salen en la zona en estudio, casi la mitad corresponde al tipo denominado pick-up, en realidad este vehículo es preferentemente utilizado para los viajes internos. Es decir, como es natural, para los viajes que se realizan dentro del área en estudio, los vehículos utilizados son más bien de tamaño reducido pues efectúan el reparto de las bodegas o almacenes hacia los comercios pequeños, tianguis y clientes finales.

Podemos distinguir seis tendencias para el análisis del problema del transporte.

1.-El transporte como un problema de congestión, sus puntos de vista responden al interés por eliminar dicha congestión, en particular por la provocada por los vehículos particulares, mediante la construcción de más infraestructura, es característico de la sociedad norteamericana del automóvil.

2.-El transporte y su relación con el desarrollo urbano, identificando el transporte como causa del crecimiento y diversificación de las características urbanas, este enfoque es mucho más analítico y complejo.

3.-El enfoque economicista, que trae la preocupación por el cuidado de los recursos financieros del gobierno y de las empresas concesionarios, supone un descuido de los costos sociales que son tan grandes y tan frecuentes en el ámbito de los transportes y de los subsidios al transporte.

4.-El transporte como un problema tecnológico y administrativo, denominado de coordinación integral con énfasis en la asignación eficiente de los servicios de transporte de acuerdo con sus características tecnológicas, tratando de satisfacer las necesidades de los usuarios, característico de la Ingeniería en Transporte.

5.-El transporte como fenómeno político, y que postula la necesidad de entender la forma como se toman las decisiones dentro del transporte urbano, logrando una participación democrática con la participación del gobierno y la ciudadanía así como la forma en que se organiza el gobierno en relación con el transporte.

6.-El transporte como causante de la contaminación, en la construcción de infraestructura, su operación, y desecho y que ubica al transporte urbano dentro de un consumo energético de todo el sector transporte y de la demanda de energéticos a nivel nacional.

A los largo de esta investigación se ha mantenido la idea del transporte como un fenómeno social, que integra el enfoque global del problema del transporte.

Si deseamos evitar el crecimiento anárquico de las ciudades, se debe realizar un mayor esfuerzo en la investigación de los efectos específicos que tienen las modificaciones del sistema de transporte o al menos de las nuevas obras de infraestructura y los servicios de transporte de carga en las ciudades.

Las características de la población deben ser un punto de partida para la definición de la política de transporte de la ciudad, de la adecuación a las necesidades y preferencias de los usuarios dependerá el éxito de las políticas de transporte ya que la productividad de la zona en estudio se ve afectada por un incorrecto funcionamiento de las redes de transporte y que la correlación que existe entre el nivel de ingresos de la población y la movilidad representa un mejor nivel de vida.

El transporte hace que el valor del terreno se incremente en razón inversa con la distancia que los separa del centro de la ciudad, pues al aumentar la accesibilidad aumenta el valor del suelo, el valor de la propiedad responde invariablemente en el costo y calidad del servicio del transporte.

Al aumentar la dinámica del uso del suelo urbano, los transportes se convierten en la condición básica ya no solo para el asentamiento de viviendas, sino también para permitir una mayor accesibilidad a los lugares de trabajo, comercio, servicios, educación y recreación, hospitalarios, asistenciales etc., la cantidad de familias que quieran residir en un área determinada, dependerá en gran medida de la posibilidad de hacer viajes de esta área a otros lugares de actividad especialmente a los lugares de empleo y educación, hacia los que viajara regularmente la población residente.

El transporte público de carga

Para todos los traslados se utilizan diversos tipos de servicio y vehículos, público y privados. Puede realizarse el transporte de objetos varios mediante vehículos propios o mediante la contratación del servicio de tipo público.

El servicio público de carga para los movimientos dentro del área en estudio está muy poco desarrollado. Casi no se ofrecen servicios especializados. Así para el transporte público de envíos o de menaje de casa se utilizaban básicamente los servicio de "muebles y mudanzas", o si el caso lo amerita, del transporte público federal (para carga especializado traslados entre el Distrito Federal y el Estado de México).

Una de las deficiencias notables del transporte de carga, radica precisamente en el bajo nivel de organización que caracteriza a las empresas transportistas. Incluso, en una probable mayoría de los casos, ni siquiera se les puede considerar empresas pues se trata de personas que poseen, y operan ellos mismos los vehículos, sin estructuras administrativas ni instalaciones adecuadas. Los "sitios" o "bases" (lugares donde se reúnen los transportistas para que allí acudan los usuarios a solicitar el servicio), regularmente usan las calles o glorietas como referencia y estacionan sus vehículos en las banquetas. Muchos carecer de una adecuada infraestructura, pues no cuentan con oficinas y servicios sanitarios ni personal capacitado.

Los pagos se realizan sin tomar en cuenta la tarifa oficial alguna, según la zona, la distancia, el horario de viaje, el tipo de bienes y el volumen a transportar, los pisos que hay que subir. Etcétera.

La contratación del servicio se hace sin que medie un contrato formal que garantice la seguridad de la carga o evite problemas por el cambio de condiciones pactadas verbalmente.

En lo laboral destaca el auto empleo, pues los operadores son también quienes cargan y descargan, hacen reparaciones menores del vehículo, atienden a los clientes, etcétera. Sin embargo es frecuente que las maniobras de carga y descarga requieran de ayuda, en virtud de que carecen de las más elementales instalaciones o equipos para subir o bajar la carga de los vehículos. Para ello solo se auxilian de personas de muy bajos estratos sociales, sin otorgarles prestación o seguridad social alguna. Esto, pudiera ser un factor de reducción de costos pero coloca a la carga en situación de riesgo y puede representar una fuente de explotación totalmente inhumana.

En las empresas de transporte público federal, la situación es solo un poco mejor, en lo que se refiere a la formalidad de la contratación o algunas instalaciones, pero no la calidad del servicio.

En contra partida, y buena medida explicada por el bajo nivel de organización del servicio público, muchas empresas o incluso personas encargadas de comercios y talleres pequeños cuentan con propios vehículos.

En el caso de empresas que distribuyen productos líquidos envasados (refrescos, leche, agua purificada, etcétera.) las flotas cuentan con decenas de vehículos. Este es un dato importante porque implica la posibilidad de que ciertos programas de mejoramiento del transporte y de la calidad del aire puedan orientarse sobre todo hacia las flotas. Así, la conversión a motor de gas que algunas empresas han emprendido voluntariamente por la economía en el consumo energético aunque más bien que algunas lo hacen para evitar el programa "hoy no circula", podría volverse obligatorio para todas las flotas. Si ello no fuera factible a corto plazo, cuando menos debiera ser más fácil o estricto el control de la verificación del estado de los motores y vehículos.

El transporte privado y el congestionamiento urbano
Para tener una idea más completa del total de mercancías y bienes que se mueven en la zona en estudio hay que agregar unos generadores importantes de cargas como son:

- El traslado de insumos que llegan directamente a las instalaciones fabriles desde sus lugares de extracción o producción y que pueden estar dentro o fuera de la zona en estudio, y que normalmente se hace en vehículos de gran capacidad como tractocamiones con remolques y con semiremolques.

- El acarreo de los productos intermedios, que son usados como insumos para otras instalaciones industriales (es decir, los flujos interindustriales, propiamente dichos).

- La distribución de los productos listos para su venta y que se llevan hacia los centros comerciales, a partir de los lugares de producción (talleres, fabricas, etc.)

- Los acarreos derivados de las actividades particulares; como personal obrero y de servicio, el movimiento de enceres y objetos directos.

- El traslado de materiales para construcción y servicios como el suministro de gas, recolección de basura y refrescos.

- El traslado de desperdicios y basura, etc.

Situación e Infraestructura de las Comunicaciones y el Transporte
La infraestructura carretera, tiene importancia significativa por la localización geográfica del municipio de Nezahualcóyotl, ya que es un área de integración con la Zona Metropolitana del Valle de México; se estructura con los municipios y delegaciones colindantes, pertenecientes a la sub región.

El sistema vial se estructura por vialidades principales como, Anillo Periférico, Autopista Peñón Texcoco, Av. Central y con un impacto significativo, la Calzada Ignacio Zaragoza, que registra un flujo vehicular cercano a los 500 mil vehículos diarios. La red ferroviaria del municipio de Nezahualcóyotl, es parte del sistema de transporte férreo de la Zona Metropolitana del Valle de México, y se comunica con el resto del sistema ferroviario nacional, destacando la Vía central que inicia en Buenavista conectando al norte y occidente, así como las líneas que salen por el oriente y se dirigen al Golfo de México.

Es importante mencionar que el municipio es atravesado por la vía del ferrocarril en la zona centro y norte de la localidad, sin embargo este tramo se encuentra en desuso, propiciando la invasión de los derechos de vía por asentamientos humanos irregulares. El tendido de los durmientes se ubica en Av. Ferrocarril, en el tramo de Calle 15 y Calle 27, de la Colonia de El Sol y el límite municipal en la zona oriente o centro, esto es, en los linderos con el municipio de Chimalhuacán.

El aeropuerto Internacional de la Ciudad de México se ubica al nor-oriente del Distrito Federal, en terrenos que forman parte del ex lago de Texcoco; debido a la cercanía del municipio con el Aeropuerto, algunos asentamientos humanos han invadido parte de la zona que requieren los aviones para hacer maniobras de despegue y aterrizaje (cono de aproximación), cuyo radio de influencia es de 5.0 km. a partir de los principales vértices de la pista de aterrizaje de acuerdo a los lineamientos que marca Aeropuertos y Servicios Auxiliares (ASA), como organismo dependiente de la Dirección General de Aeronáutica Civil. En este sentido, cualquier construcción, anuncio o instalación que se encuentre dentro del polígono de influencia del aeropuerto no deberá sobrepasar los 45 metros de altura, de lo contrario, tendrá que contar con un dictamen especial por parte de Aeropuertos y Servicios Auxiliares.

Nezahualcóyotl es un municipio con la mayor parte de su superficie cubierta por tejido urbano; su crecimiento está íntimamente ligado al fenómeno de conurbación, ya que se encuentra integrado física y funcionalmente a la dinámica urbana de la Zona Metropolitana de la Ciudad de México, la cual, es hoy en día, la mayor concentración social y económica del país.

Es decir, la localidad presenta una de las realidades más complejas en materia de vialidad considerando que es uno de los municipios con mayor índice de urbanización no sólo de la entidad, sino de todo el país. El municipio presenta una traza urbana con características peculiares, se encuentra conformado por dos zonas, cada una con sistemas viales distintos. La zona centro presenta una traza urbana reticular, es decir, se encuentra estructurada internamente por un sistema de vialidades primarias que constituyen el principal medio para distribuir el tránsito y determinar las líneas de deseo hacía las diferentes áreas de la ciudad y soportar el desarrollo de la mayoría de las actividades comerciales y de servicios de la población.

Territorialmente, su traza urbana ha sido fundamental para orientar el crecimiento de la trama urbana actual, ya que ha propiciado la continuidad de las calles y la formación de nuevas manzanas debido a que facilita la lotificación modulable. De esta forma, la configuración espacial del municipio; se caracteriza por la presencia de grandes manzanas o sectores homogéneos de formas geométricas definidas de acuerdo al ángulo de sus vialidades primarias, integrándose al interior por conjuntos de manzanas rectangulares ordenadas alrededor de un cuadro central, centro urbano de tipo local o centro de barrio.

La zona centro se extiende a través de 17 ejes viales, los cuales en algunos casos se prolongan hacía los municipios y delegaciones; situación que ha sido determinante para que la traza urbana de esta zona mantenga la continuidad física y funcional con los sistemas viales del municipio de Chimalhuacán y las delegaciones Venustiano Carranza, Iztacalco e Iztapalapa del Distrito Federal, con las que conforma un sistema vial de carácter regional. La estructura reticular o de malla, se mantiene constante en toda la zona centro, a excepción de las colonias Rey Neza, Izcalli Nezahualcóyotl y Villa de los Capulines, las cuales, presentan una traza urbana irregular debido a que las vialidades secundarias tienen diferentes ángulos de inclinación dando como resultado que las manzanas tengan diferentes formas y tamaños, modificando la estructura general del sistema vial.

Con respecto a la Zona Norte, se identifica un tejido urbano con características de tipo sectorial o grandes manzanas, con formas geométricas distintas, dando como resultado una estructura de tipo irregular. Lo anterior se debe a que las vialidades primarias que las delimitan no son perpendiculares entre sí, ya que son continuaciones de importantes ejes viales provenientes del Distrito Federal, tal es el caso del Anillo Periférico y el Eje 3 Norte, situación que ha propiciado la continuidad de la traza urbana entre los diferentes municipios y delegaciones de la Ciudad de México con las que colinda.

Al interior, destaca la presencia de grandes áreas habitacionales organizadas sin un orden geométrico definido, conformados en su interior por vialidades de tipo local que tienen como única función, dar acceso a los predios o edificios inmediatos y en algunos casos ligar las vialidades secundarias y primarias. Las características de este tipo de organización urbana permiten disminuir el flujo vehicular sobre zonas habitacionales.

Vialidad primaria
Se caracterizan por ser las principales vías de entrada y salida del municipio, permitiendo la comunicación directa hacia los diferentes puntos de origen y destino del territorio municipal. Generalmente, los cruces en estas vialidades se dan con otras de igual jerarquía y en algunos casos como el Anillo Periférico, las Avenidas Carlos Hank González, Peñón-Texcoco y Las Torres en la Zona Norte, así como Adolfo López Mateos, Carmelo Pérez, Bordo de Xochiaca y Pantitlán en la Zona Centro continúan

hacía el Distrito Federal y municipios colindantes conformando una red vial de carácter metropolitano que mantiene la continuidad y conurbación física y funcional, dando la impresión de ser un sólo sistema vial.

VIALIDADES PRIMARIAS

NOMBRE	SECCIÓN	LONGITUD	SENTIDO	CAMELLON	ORIGEN Y DESTINO
Av. Bordo de Xochiaca	75 m.	6.68 km	Doble Sentido	Uno	Cruza el Municipio a partir de anillo Periferico hasta la Av. Circuito Universidad Tecnologico, continua hasta Av. Chimalhuacán.
Av. Pantitlan	35 m.	10.05km.	Doble Sentido	Uno	Cruza el Municipio a partir de Anillo Periferico hasta la Av. de Los Reyes, continua hacia el Municipio de los Reyes la Paz.
Av. Chimalhuacán	43 m.	9.60 Km.	Doble Sentido	Uno	Cruza el Municipio a partir de la Av. Rio Churubusco hasta conectarse directamentecon el Municipio de Chimalhuacán.
4ta Av.- Aureliano Ramos	20 m.	11 km.	Doble Sentido	Uno	Comienza en la Av. Rio Churubusco o Anillo Periferico, hasta Av. Riva Palacios con el nombre de Av. 4 o Aureliano Ramos; y a partir de ahi hasta la Av. Lopez Mateos cambia el nombre a Virgen de Guadalupe y de Av. Lopez Mateos hasta la Av. Lazaro Cardenas o Av. Universidad Tecnologico.
Av. Gustavo Baz Prada	12 m.	7.38 Km.	Doble Sentido		Inicia en la Av. Lopez Mateos hasta la Av. Lazaro Cardenas.
Av. Rancho Grande	12 m.	4.75 km.	Doble Sentido	Uno	Inicia en la Calle Aguila Negra, junto a la Av. Bordo de Xochiaca y llega hasta la Av. Lazaro Cardenas.
Av. Texcoco	32 m.	8.10 km.	Doble Sentido	Uno	Inicia en la Av. Jose Maria del Pilar dirigiendose hacia el Municipio de los Reyes la Paz.
Av. Cuauhtémoc - Higinio Guerra	20 m.	5.35 Km.	Doble Sentido	Uno	Inicia en la via del tren con el Nombre de Higinio Guerra hasta la Av. Xochiaca.
Av. Jose del Pilar	20 m.		Doble Sentido	Uno	Inicia en la Av. Pantitlan y termina en Av. Texcoco.
Av. Riva Palacio	20 m.	8.38 km.	Doble Sentido	Uno	Inicia en la via del tren y termina en la Av. Texcoco.
Av. Nezahualcoyotl	40 m.	3.86 km.	Doble Sentido	Uno	Inicia en la Av. Texcoco hasta la Av. Bordo de Xochiaca.
Av. Adolfo Lopez Mateos	45 m.	3.86 km.	Doble Sentido	Dos	Cruza la parte sur del Municipio desde la Av. Texcoco hasta Av. Bordo de Xochiaca.
Av. Sor Juana Ines de la Cruz	45 m.	4.08 km.	Doble Sentido	Uno	Inicia en la Av. Texcoco y termina en la Av. Bordo de Xochiaca.
Av. Jose Vicente Villada	45 m.	4.31 km	Doble Sentido	Uno	Inicia en la Av. Bordo de Xochiaca hasta la Av. Texcoco.
Av. Carmelo Perez	44 m.	4.45 km.	Doble Sentido	Uno	Inicia de norte a sur, en Av. Bordo de Xochiaca hasta llegar a la Av. Texcoco.
Cuauhtémoc.	12m.	2.38 km	Doble Sentido		Texcoco - Av. Pantitlan.
Av. Mexico	12 m.	4.19 km	Doble Sentido		Texcoco - Av. Pantitlan.
Av. Ángel de la Independencia continuacion golondrinas.	12 m.	6.56 km.	Doble Sentido		Texcoco - Chimalhuacan.
Paloma Negra					Pantitlan - Chimalhuacan.
Av. San Angel continuacion 7 Leguas.	12 m.	6.80 km.	Doble Sentido		Texcoco - Chimalhuacan.
Av. Floresta	12 m.	2.55 km.	Doble Sentido		Av. Los Reyes - Pantitlan.
Av. Lazaro Cardenas	20 m.	1.90 km.	Doble Sentido		Circuito Rey Nezahualcoyotl - Bordo de Xochiaca.
4 Avenida	20 m.	11 km.	Doble Sentido	Uno	Calle 7 - Lazaro Cardenas.
Av.Tepozanes	12 m.	6.46 km.	Doble Sentido	Uno	Cruza a partir de la Av. Universidad Tecnologico hasta la Av. Texcoco.
Av. Baja California	20 m.	2.2 km.			Inicia en Av. de las Torres (Chimalhuacan) y termina en calle Insurgentes (Chimalhuacan).

Fuente: Delegacion regional de Transporte Terrestre en el Municipio de Nezahualcoyotl.

Vialidad secundaria Posteriormente, a partir de los ejes estructuradores, se organizan las vialidades de menor jerarquía (vialidades secundarias), cuya finalidad es la de orientar el flujo vehicular al interior de los sectores homogéneos que forman al municipio, sirviendo de enlace entre las vías locales y la red vial primaria. Presentan una carga vehicular constante en ambos sentidos, aunque a una menor velocidad que las vialidades primarias. Soportan un gran número de establecimientos, aunque de menor jerarquía, sólo en algunas secciones.

VIALIDADES SECUNDARIAS EN ZONA NORTE

Impacto Económico en los Negocios, Originado por el Sistema de Transporte Publico "Mexibus", en Cd. Nezahualcóyotl, Edo. de México

2013

NOMBRE	SECCIÓN	LONG.	SENTIDO	CAMELLON	ORIGEN Y DESTINO
Av. Rancho Seco	20 m.	4.69 Km.	Doble Sentido	Uno	Comienza en Av. Veracruz y finaliza en la Av. Plaza de las 3 Culturas.
AV. Aeropuerto	20 m.	2.83 Km.	Doble Sentido	Uno	Inicia en Av. Lic. Vélez hasta el entronque con la Av. taxímetros.
Av. Plaza Aragón	12 m.	3.56 Km.	Doble Sentido	Uno	Inicia en la Av. Rio de los Remedios hasta la Av. Prados de Aragón.
Av. Plaza de las 3 Culturas	12 m.	4.0 Km.	Doble Sentido	Uno	Inicia en la calle de lago Leticia hasta la Plaza de San Marcos.
Av. Valle de Yukón	12 m.	3.5 Km.	Doble Sentido	Uno	Inicia en la Av. Valle Alto hasta Av. Central.
Av. Valle de Yang-Tse	12 m.	3.5 Km.	Doble Sentido	Uno	Inicia en la Av. Valle Alto hasta Av. Central.
Av. Valle de Santiago	12 m.	1.4 Km.	Doble Sentido	Uno	Inicia en la Av. Rio de los Remedios hasta Av. De las Zapatas.
Av. Valle de San Lorenzo	12 m.	0.5 Km.	Doble Sentido	Uno	Inicia en Hda. Rancho Seco hasta Av. Rio de los Remedios.
Av. Hacienda de la Noria	12 m.	0.75 Km.	Doble Sentido	Uno	Inicia en Av. Central hasta Av. Plaza de Aragón.
Av. Prados de Aragón	12 m.	1.63 Km.	Doble Sentido	Uno	Inicia en Bosques de África y Termina en Canal de Sales.
Av. Bosques de África	20 m.	2.34 Km.	Doble Sentido	Uno	Inicia en Av. Carlos Hank González y termina en Av. Bosques de Europa.
Av. Bosques de Argelia	20 m.	1.06 Km.	Doble Sentido	Uno	Inicia en Av. Carlos Hank González y termina en Av. Bosques de África.
Av. Bosques de Egipto	20 m.	0.75 Km.	Doble Sentido	Uno	Inicia en Av. Bosques de Los Continentes hasta la Av. Bosques de África.
Av. Bosques de Europa	20 m.	2.83 Km.	Doble Sentido	Uno	Inicia en Av. Bosques de los Continentes y vuelve a salir a la misma.
Av. Bosques de las Naciones	20 m.	1.88 Km	Doble Sentido	Uno	Inicia en Bosques de los Continentes hasta la Av. Veracruz.
Fuente: Delegación regional de Transporte terrestre del Municipio de Nezahualcoyotl					

VIALIDADES SECUNDARIAS EN ZONA CENTRO

Impacto Económico en los Negocios, Originado por el Sistema de Transporte Publico "Mexibus", en Cd. Nezahualcóyotl, Edo. de México

2013

NOMBRE	SECCIÓN	LONG.	SENTIDO	ORIGEN Y DESTINO
Av. Sexta-Amanecer	20 m.	14.38 Km.	Doble sentido	Inicia en Av. Río Churubusco hasta Av. Lázaro Cárdenas.
Av. Cielito Lindo	12 m.	10.63 Km.	Doble sentido	Inicia en Av. Nezahualcoyotl hasta Av. Plutarco Elías Calles.
Av. Cama de Piedra	12 m.	14.25 Km.	Doble sentido	Inicia de este a oeste en Av. Río Churubusco hasta la calle San Lorenzo, cerca del Panteón Municipal y Av. Chalco hasta la Av. Riva Palacios.
Av. La Escondida	12 m.	11.09 Km.	Doble sentido	Inicia en Av. Río Churubusco y termina en la calle 11° Tepozanes.
Av. Presidente de México	12 m.	12.13 Km.	Doble sentido	Inicia en la Av. Adolfo López Mateos y termina en el límite municipal, cambia por el nombre de calle calambuco a partir de la calle Carmelo Pérez.
Av. Juárez Coatepec	12 m.	5.13 Km.	Doble sentido	Inicia en Av. Río Churubusco y termina en la Av. Adolfo López Mateos.
Av. Cuauhtémoc	12 m.	2.38 Km.	Doble sentido	Inicia de norte a sur en Av. Pirules y termina en Av. Texcoco.
Av. Francisco Zarco-Víctor	12 m.	3.50 Km.	Doble sentido	Inicia de norte a sur en las vías del tren y termina en Av. Chimalhuacán.
Av. México	12 m.	4.19 Km.	Doble sentido	Inicia de norte a sur en la Av. Texcoco hasta la Av. Mayran.
Av. Ángel de la independencia	12 m.	6.56 Km.	Doble sentido	Inicia en Av. Bordo de Xochiaca con el nombre de las Golondrinas, al llegar a la Av. Chimalhuacán se conoce con el nombre de Av. Ángel de la Independencia y termina en Av. Texcoco.
Av. Palacio Nacional	12 m.	6.16 Km.	Doble sentido	Inicia en el Bordo de Xochiaca y termina en Av. Texcoco.
Av. San Ángel-siete leguas	12 m.	6.80 Km.	Doble sentido	Inicia en el Bordo de Xochiaca y termina en Corrido del Norte, atraviesa la Av. Chimalhuacán y Av. Pantitlan.
John F. Kenedy	12 m.	5.40 Km.	Doble sentido	Inicia en Av. Texcoco, se estrangula desde la Av. Ignacio López Rayón y hasta llegar a la Av. Lázaro en donde lleva el nombre de Norteñas.
Av. La Floresta	12 m.	2.55 Km	Doble sentido	Inicia de Norte a sur en la calle Emiliano Zapata y llega hasta la Av. Texcoco.
Av. L. Cárdenas	20 m.	1.90 Km.	Doble sentido	Inicia donde termina la Av. Bordo de Xochiaca y termina en la Av. Rayito de Sol.

Fuente: Delegación Regional de Transporte Terrestre del Municipio de Nezahualcoyotl.

Sistema de Transporte, autobuses urbanos

El servicio de autobuses urbanos y sub-urbanos es proporcionado por 9 empresas originarias en su mayoría de los municipios vecinos, que cubren 81 derroteros; para lo cual cuentan con un parque vehicular de 2,366 unidades. Este servicio es fundamentalmente de tipo metropolitano, pues los vehículos no transitan al interior del municipio, ya que realizan constantemente viajes pendulares principalmente entre Chimalhuacán, Los Reyes, Texcoco, Ecatepec, y el Distrito Federal sobre vialidades primarias de carácter regional, como son: Bordo de Xochiaca y anillo Periférico. Debido a lo anterior se tienen registradas tres bases, dos de ellas localizadas en la zona centro y un restante en la parte norte.

Bici-taxis

En el municipio los bicitaxis realizan viajes de distancias que no exceden de dos kilómetros, sin embargo, es el principal medio de transporte de los estudiantes de nivel básico y amas de casa, ya que estos tienen un costo bajo. Estos no cuentan con rutas

Impacto Económico en los Negocios, Originado por el Sistema de Transporte Publico "Mexibus", en Cd. Nezahualcóyotl, Edo. de México

2013

establecidas, pero se ajustan a reglas que les prohíben prestar el servicio fuera de los límites del municipio ni circular en vialidades primarias o de carácter regional.

Se tienen identificadas alrededor de 41 organizaciones civiles con un número aproximado de 5,662 unidades en 73 colonias, ya que los bicitaxis se han convertido en una importante fuente de empleo alternativo, principalmente integrada por la población joven, que en la mayoría de los casos no son propietarios de las unidades con las que laboran y se ven en la necesidad de rentarlas, lo que disminuye de forma importante sus ingresos.

Taxis

Dentro del Municipio de Nezahualcóyotl se cuenta con 9033 unidades de las cuales se proporciona servicio alrededor de 1,738 personas por minuto y dicho sistema se encuentra dividido en 5,380 rutas que nos indica como una necesidad más de población.

REGIÓN IX NEZAHUALCÓYOTL				
CONCESIONES PARA TRANSPORTE DE SERVICIO POR REGIÓN Y MUNICIPIO 2006				
REGIÓN/MUNICIPIO	TAXIS [1]	TRANSPORTE PASAJEROS	COLECTIVO DE RUTA	OTROS[2]
REGIÓN IX	9 033.0	1 738.0	5 380.0	95
NEZAHUALCÓYOTL	9 033.0	1 738.0	5 380.0	95

1/ En taxis se incluye 3 los radiotaxis
2/ Incluye transporte de carga en general, de materiales, grúas, escolar, servicio mixto y de turismo
FUENTE: GEM. Secretaria del Transporte, 2007.

Vialidad y transporte

Destacan por su importancia en la configuración de la estructura vial, así como en las facilidades de movilidad o transportación, los siguientes factores:

La falta de integración vial adecuada tanto con los municipios, como con las delegaciones colindantes del Distrito Federal prácticamente en todos los sentidos. La falta de continuidad en casi todas las vialidades que deberían ser los conectores principales de los flujos vehiculares del Distrito Federal a Nezahualcóyotl y viceversa es el principal problema, pues por ejemplo, avenidas como Riva Palacio, Vicente Villada, Sor Juan y Nezahualcóyotl, cuya importancia en la estructuración vial es total al intersectarse con la avenida Texcoco de norte a sur, pierden continuidad y su sección disminuye sensiblemente, convirtiéndose por ello en cuellos de botella.

La falta de elementos constructivos (puentes vehiculares, gasas de distribución, pasos a desnivel, que permitan los flujos vehiculares continuos y a velocidades aceptables) implica la pérdida de horas/hombre y propician el aumento de emisiones contaminantes a la atmósfera.

La falta de elementos complementarios o accesorios a la vialidad como la semaforización debidamente sincronizada (principalmente en la confluencia de grandes avenidas), el balizamiento, la señalización, etcétera; así como el exceso de elementos de control de la velocidad como topes, reductores de velocidad, vibradores, influyen notoriamente en los congestionamientos tan comunes en ciudad Nezahualcóyotl y propician una deterioro más rápido del parque vehicular local.

Así mismo la traza urbana del municipio es una de las mejores realizadas de la Zona Norte, su planeación está constituida por un esquema de retícula en la zona centro y uno de grandes ejes en la zona norte. La estructura vial está formada por una cuadrícula casi perfecta; en la zona centro las principales vialidades del Municipio son: de oriente a poniente, Avenida Texcoco, Pantitlán, Chimalhuacán, Cuarta Avenida, Bordo de Xochiaca.

De sur a norte, Calle 7, Avenida Cuauhtémoc, Vicente Riva palacio, Nezahualcóyotl, Adolfo López Mateos, Sor Juana, Vicente Villada, Carmelo Pérez, Tepozanes y de Los Reyes. Se excluye de esta malla a las colonias Rey Neza y la Zona Industrial que tienen diferentes ángulos de inclinación, dando como resultado que las manzanas tengan diferentes formas y tamaños. El nivel de movilidad intramunicipal e intermunicipal, de esta zona, es relativamente accesible en tiempo y distancia. Existen en el municipio 19 puentes peatonales y 3 vehiculares. En la zona norte las vialidades primarias se integran por la Avenida Central, Periférico, Avenida Taxímetros, Avenida Peñón-Texcoco, Vía Las Torres (Avenida Bosques de los Continentes y Valle de Zambezi) Valle de Las Zapatas, Avenida del Canal, Avenida Veracruz, sin embargo sus formas geométricas son distintas, dando como resultado una estructura irregular. Lo anterior se debe a que las vialidades primarias señaladas son perpendiculares entre sí, son continuaciones de importantes ejes viales provenientes del Distrito Federal, como Anillo Periférico y el Eje 3 Norte, situación que ha propiciado la continuidad de la traza urbana entre los diferentes municipios y delegaciones con que colinda.

Al interior de esta zona, destaca la presencia de grandes áreas habitacionales organizadas sin un orden geométrico definido, conformadas en su interior por vialidades de tipo local que tienen como única función dar acceso a los predios o edificios inmediatos y en algunos casos ligar las vialidades secundarias y primarias. La comunicación vial intermunicipal de esta zona, es mucho más fácil, principalmente con el Distrito Federal y Ecatepec; en el orden de la comunicación intramunicipal con las demás comunidades de Nezahualcóyotl, se dificulta debido al trazo de sus vías de comunicación y al deficiente servicio de transporte público de zona norte a zona centro.

La zona norte del Municipio, además de las vialidades antes descritas, cuenta con el Sistema de Transporte Colectivo Metro, que corre sobre Avenida Central, comunicándola con el municipio Ecatepec y con el Distrito Federal. Actualmente la red vial de Nezahualcóyotl se compone de 1,026 kilómetros lineales, un porcentaje de las vías principales está en excelentes condiciones de mantenimiento, mientras que una parte importante de vialidades secundarias y terciarias sufren deterioros variables. Existen nodos conflictivos ubicados al sur de la parte centro del municipio, que tienen que ver con la falta de integración a la estructura regional inmediata de Nezahualcóyotl. Dichos nodos se identifican en los corredores de Avenida Texcoco, asimismo destaca la Avenida Canal de San Juan que es limítrofe con la delegación Iztacalco, por la falta de continuidad vial de la estructura principal.

Comunicaciones y Transportes

Longitud de carreteras	2010	6	(Kilómetro)
Alimentadoras estatales		6	
Pavimentada		6	
Vehículos registrados por tipo de servicio b/	2010	9 998	(Vehículo)
Sedán		839	
Combi/Vagoneta		6 240	
Microbus		2 823	
Autobus		3	
Otras Unidades		93	
Concesiones por modalidad de servicio	2010	9 998	(Concesión)
Taxis		839	
Transporte de pasajeros		2 823	
Carga en General		87	
Transporte de grúa		6	
Transporte escolar		3	
Colectivo de ruta		6 240	

Sistema de Transporte Publico MEXIBUS

La implementación de un sistema de transporte masivo implica una serie de estudios técnicos, ambientales, económicos y de carácter social, sin embargo, existen diversos casos en el contexto nacional respecto a la implantación de este tipo de sistema de transporte publico caracterizado principalmente por haber sido planeados de una manera organizada, es decir, la causa principal de su implementación es atender las necesidades de movilidad y crecimiento económico para los habitantes de la región.

El corredor de transporte público Mexibús circula sobre tres avenidas en la parte correspondiente al municipio de Nezahualcóyotl que son: La Av. Bordo de Xochiaca, La Av. Gral. Vicente Villada y La Av. Chimalhuacán, siendo esta última la que mayor tramo y contara con once estaciones a lo largo de la vialidad Av. Gral. Vicente Villada y con tres estaciones y la Av. Bordo de Xochiaca con dos estaciones.

La Av. Bordo de Xochiaca es la vialidad menos afectada por la incorporación del sistema, en parte debido al hecho de que el Mexibús no recorre más de dos kilómetros a lo largo de la avenida (distancia en la que podemos encontrar solo un par de estaciones sobre Av. Bordo de Xochiaca: Las Torres y Bordo de Xochiaca). Por otra parte, la Av. Bordo de Xochiaca es una de las vialidades con menos variedad de negocios establecidos a lo largo de esta, en el tramo de la Av. Gral. Vicente Villada hasta la Avenida del Canal donde comienza el municipio de Chimalhuacán.

En el tramo de mayor circulación en dirección a la Av.Pantitlán, no se encuentran edificaciones destinadas al uso comercial ni a uso habitacional, en su lugar se encuentra uno de los tiraderos de basura más grandes del país, por lo que los vehículos que transitan por este segmento no tienen ningún motivo para detenerse en esta parte del tramo de la Av. Bordo de Xochiaca, En el tramo sur de circulación, el tramo que concentra la circulación en dirección a Chimalhuacán, podemos encontrar edificaciones destinadas a uso habitacional a lo largo de todo el tramo, los comercios establecidos son micronegocios y se enfocan a atender a las personas que viven en los alrededores, se encuentran algunas tiendas de barrio, bares y un par de tiendas de conveniencia, estos negocios no representan ni una cuarta parte de los negocios concentrados en otras avenidas del municipio.

La alta concentración de negocios a lo largo de la Av. Bordo de Xochiaca comienza a partir de su intersección con la Av. Adolfo López Mateos, y de ahí hasta su cruce con la Calle 7 (Periférico) que es el lugar donde finaliza la avenida como el municipio de Nezahualcóyotl y que precisamente esta es una de las principales causas que impidieron que el sistema circule a lo largo de toda la avenida Bordo de Xochiaca, y es en este segmento donde la densidad de establecimientos comerciales es elevada donde aún en las zonas destinadas para los camellones de la avenida se han establecido múltiples comercios que van desde ligas de futbol soccer, futbol rápido, escuelas, carpinterías, venta de accesorios para autos, venta de comida rápida, bases de rutas de transporte público, hasta instalaciones gubernamentales como las de ODAPAS y de la policía municipal.

Las dos avenidas restantes sobre las que circula el Mexibús presentan características muy distintas a las encontradas en la Av. Bordo de Xochiaca, principalmente porque es una vialidad que recorre los límites del municipio, se encuentra a lo largo de la línea divisora con otros municipios del Estado de México y otras delegaciones del Distrito Federal. Caso muy contrario de la Avenida Gral. Vicente Villada que recorre todo el municipio de Norte a Sur y de Sur a Norte o de la Av. Chimalhuacán que recorre todo el municipio de Este a Oeste y de Oeste a Este. Además, y el tránsito vehicular sobre la avenida Bordo de Xochiaca en el segmento que ha sido destinado para la incorporación del sistema de transporte publico Mexibús, no se compara con los niveles de tránsito de las dos avenidas restantes.

La Av. Gral. Vicente Villada inicia en la intersección con la Av. Texcoco y termina en el cruce con Avenida Bordo de Xochiaca en el municipio de Nezahualcóyotl en la colonia Benito Juárez, para la incorporación del sistema de transporte Mexibús sobre esta Avenida se utiliza el tramo que va desde la intersección con la Avenida Bordo de Xochiaca, hasta el cruce con la Av. Chimalhuacán, formada por la Av. Bordo de Xochiaca con una distancia de dos kilómetros; a diferencia de la Av. Bordo de Xochiaca, la Av. Gral. Vicente Villada presenta una gran variedad de establecimientos comerciales a lo largo de este tramo.

Existen tres estaciones en el tramo de la Av. Gral. Vicente Villada que son: Rancho Grande, Las Mañanitas y Rayito de Sol. Su implementación ha provocado mayor impacto que las estaciones sobre la Av. Bordo de Xochiaca debido al número de vehículos que circulan sobre la Av. Gral. Vicente Villada. El volumen de vehículos es superior al de la Av. Bordo de Xochiaca, la implementación incrementa de manera notable los tiempos de recorrido por parte de los vehículos particulares, provocada para desincentivar el uso del transporte particular, el sistema tiene cuatro kilómetros desde su intersección con Av. Gral. Vicente Villada hasta su cruce con Av. Calle 7 (Prolongación Periférico). En este tramo, la Av. Chimalhuacán tiene once de las veintinueve estaciones que componen el sistema de transporte, con la estación Palacio Municipal ubicada frente al Ayuntamiento del municipio de Nezahualcóyotl, la demanda de usuarios que circulan por la Av. Chimalhuacán es mayor a la de la Av. Bordo de Xochiaca o a la de la Av. Gral. Vicente Villada, debido a que la Av. Chimalhuacán se encuentra en la parte central del municipio y concentra once rutas de transporte público, donde se producen congestionamientos viales de gran magnitud. Muchos de estos provocan que una distancia de 800 metros, (el promedio entre avenidas), se recorra en un tiempo de 4 a 5 minutos, no se define si se prohibirá de manera definitoria la circulación del transito por las avenidas Gral. Vicente Villada y Chimalhuacán de lo que depende la permanencia de muchos negocios, el incremento del comercio ambulante en estas avenidas es una problemática que aún no ha podido ser regularizada además del aumento en los niveles de contaminación auditiva, visual y urbana.

CAPITULO III Revisión de la Literatura

¿Por qué Medir Impactos Económicos Generados por el Transporte?

Información general, la forma en que la inversión en transporte afecta a la economía, y los impactos adicionales en el crecimiento económico es un análisis cuantitativo del Transporte Público y su Impacto poco tratado. Sin embargo, la naturaleza de la inversión de los negocios en la zona cambia con el transporte público, la estructura de la economía continúa evolucionando y los métodos de análisis necesitan seguir actualizándose en forma permanente.

En consecuencia, los resultados de esta investigación difieren el en tiempo tanto en la perspectiva como en los resultados.

El desarrollo de una metodología de cálculo está organizado en cinco partes.

1.   Introducción - examina los objetivos de análisis del impacto económico y compara estos objetivos con los objetivos más amplios del transporte público de la inversión y el gasto en operación y mantenimiento.

2.   Métodos – se presenta un modelo grafico para la clasificación y visualización de las principales variables de impacto económico y de los hallazgos importantes sobre este tema.

3.   El impacto económico en los negocios - se presenta una metodología y análisis de los impactos económicos en los negocios

4.   Ahorro de costos y el impacto en la productividad - se presenta un análisis del crecimiento económico que se deriva de la disponibilidad del transporte público y de los servicios asociados.

5.   Actualización - analiza el proceso de actualización de las cifras de impacto económico, y la necesidad de mayor investigación para mejorar los futuros estudios de este tema.

Motivaciones para el Análisis del Impacto Económico Originado por el Transporte.

México está envuelto en un proceso de transformación de la movilidad, se tiene una gran oportunidad para plantear soluciones urbanas que permitan mantener una ciudad de vanguardia. Para la construcción de una ciudad donde sea posible moverse y caminar sin complicaciones, donde podamos estar en la calle, deseamos una ciudad amable, limpia y responsable con el medio ambiente, una ciudad con justicio social y con una alta calidad de vida.

Si logramos mejorar la calidad de los desplazamientos, el tema fundamental es atender la congestión de las redes de transporte, la solución no es solo técnica, los ciudadanos no son quienes deben adaptarse a la ciudad, es la ciudad la que debe adaptarse a sus habitantes.

Una de las soluciones es pasar de un enfoque de transporte a uno de movilidad ya que cuando se trata del transporte estamos centrando nuestro que hacer en la reducción de distancias, de desplazamiento y de la mejora de los niveles del servicio de transporte sea de pasajeros o de carga.

Las herramientas que usamos para mejorar la movilidad deben enfocarse en el peatón, en el ciudadano y en la infraestructura urbana, se trata de pensar en el ciudadano, como son sus trayectos en el día a día, ya sea en automóvil o en transporte público, lo que trae como consecuencia la generación de fuentes de empleo y un mayor desarrollo de la ciudad.

La estrategia consiste en redistribuir el espacio urbano, se trata de recuperar el espacio público de fomentar el uso del transporte público más eficiente y moderno, como el MEXIBUS en Cd. Nezahualcóyotl, el OPTIBUS en León, Guanajuato, el MACROBUS en Guadalajara, Jalisco, el TRANSMETRO en Monterrey, Nuevo León, el TRANSBUS en Tabasco, el CONEJOBUS en Tuxtla Gutiérrez, Chiapas o el ACABUS en Acapulco, Guerrero y otros, promover el transporte escolar y dar mayor difusión al concepto de autos compartidos, que haya facilidad para que las horas – hombre sean productivas y que no haya desperdicio de tiempo en los trayectos.

Debemos mejorar la accesibilidad para que independientemente de la edad, la condición física o de cualquier otra circunstancia, se pueda hacer uso del transporte público y convertir la red de transporte en un símbolo de orgullo e identidad, de una cultura de la movilidad.

La inversión en transporte afecta a la economía a través de dos mecanismos fundamentales:

1.- el impacto en los gastos -- el acto de invertir dinero en el transporte público en instalaciones para el transporte y las operaciones de apoyo genera empleo e ingresos en la zona en estudio, así como los empleos e ingresos en las industrias proveedoras y otros elementos de la economía;

2.- los costos y los impactos en la productividad: el transporte público y los servicios que asociados están habilitados para generar una mayor movilidad, ahorro de tiempo y de costos; que conducen a un mayor crecimiento económico al generar ahorro de costos; y conducen a un mayor crecimiento económico como resultado de cambios en los ingresos de la población beneficiada y en los hogares, el incremento en la productividad y en el acceso a mercados.

Hay intereses de política pública en los ambos elementos del impacto económico, que pueden ayudar a resolver una gran variedad de temas, incluyendo:

Flujo de los impactos. Quién se beneficia por el ingreso adicional, las reducciones en los costos o los beneficios en otras inversiones de capital y sus operaciones?

La amplitud de los impactos. los beneficios de dinero en forma de incremento en los ingresos o en la reducción de los costos terminan yendo a un conjunto limitado o para un amplio conjunto de empresas y los hogares en la zona en estudio.

Estímulo Económico y Competitividad. Nos preguntamos es la inversión de capital y los fondos de operaciones suficientes para estimular el crecimiento del empleo y de ingresos donde más se necesita a corto o largo plazo, los estímulos económicos contribuyen a la competitividad económica.

La coherencia con la política pública. Amplia las inversiones de capital y la actividad de las operaciones se complementan o socavan otras inversiones en el transporte pública en términos de esfuerzos para añadir empleos mejor remunerados, apoyar la diversificación económica, atraer a las industrias e invertir en la zona.

Como complemento del análisis costo-beneficio. Se tarta de definir hasta donde llega el impactos relacionados con la preservación y mejoramiento de la movilidad, el acceso al empleo.

Es importante tener en cuenta que el análisis del impacto económico no es lo mismo que el análisis de costo-beneficio de un proyecto de transporte.

La diferencia entre el impacto económico y el análisis de costo-beneficio radica en que el análisis del impacto económico del transporte se centra específicamente en los cambios mensurables en el flujo del dinero (ingresos), que incluye tanto el gasto y efectos sobre la productividad.

En el análisis del impacto en los negocios se considera la valoración de los beneficios económicos y no económicos, incluyendo beneficios sociales, ambientales y la calidad de vida de los empleados y de los habitantes de la zona.

Revisión de la literatura

En 1984, The American Public Transportation Association (APTA) llevó a cabo un estudio de referencia sobre el impacto en los negocios ocasionado por el transporte público. Ese estudio se actualizó en 1999, la presente investigación tiene por objeto ampliar y generar el conocimiento sobre los temas cubiertos por estudios previos.

Los informes llevados a cabo sobre estudios similares de impacto económico en los negocios generados por el transporte público durante el periodo 1996-2010 son:

Estudios sobre el impacto económico generado por el transporte público

- APTA. Public Transportation and the Nation's Economy (Cambridge Systematics and Economic Development Research Group, 1999).
- TCRP Report 20. Measuring and Valuing Transit Benefits and Disbenefits (Cambridge Systematics, 1996) .
- TCRP Report 35. Economic Impact Analysis of Transit Investments: Guidebook for Practitioners. (Cambridge Systematics et al, 1998)
- TCRP Report 49. Using Public Transportation to Reduce the Economic, Social, and Human Costs of Personal Immobility (Crain et al, 1999).
- TCRP Report 78. Estimating the Benefits and Costs of Public Transit Projects: A Guidebook for Practitioners (EcoNorthwest, 2002).
- VTPI. Evaluating Public Transit Benefits and Costs: Best Practices Guidebook (Litman, 2010).
- NCHRP Synthesis 290. Current Practices for Assessing Economic Development Impacts from Transportation Investments (Weisbrod, 2000).
- NCHRP Report 463. Economic Implications of Congestion (Weisbrod et al, 2001).
- NCHRP Report 456. Guidebook for Assessing the Social and Economic Effects of Transportation Projects (Forkenbrock and Weisbrod, 2001).
- TRB Circular 477. Assessing the Economic Impact of Transportation Projects (Weisbrod, 1997).
- OECD. Assessing the Benefits of Transport (OECD, 2001).
- OECD. The Wider Benefits of Transport: Macro-, Meso- and Micro Transport Planning and Investment Tools (OECD, 2010).
- UK Dept. for Transport. Guidance on Preparing an Economic Impact Report (Steer Davies Gleave, 2005).

Los métodos de análisis y los resultados de estos estudios, así como en una gama de estudios sobre el impacto económico generado por el transporte, proporcionan suficientes herramientas y bases para llevar a cabo estudios en el futuro.

Los métodos utilizados para evaluar el impacto económico de los proyectos de transporte han evolucionado continuamente a través del tiempo.

La evaluación del impacto económico se centró en el cálculo del beneficio económico, ahorro de tiempo y costo para los viajeros, ahora se puede abarcar más factores, tales como las funciones de accesibilidad a las cadenas de suministro, la expansión del mercado de trabajo, el crecimiento del comercio mundial y sus repercusiones en el desarrollo económico, este criterio es particularmente importante cuando se considera a los proyectos de transporte interconectados a la red urbana y a las actividades de los centros logísticos, las terminales intermodales y los puertos internacionales.

Se ha producido un importante déficit en la cobertura de los modelos de análisis utilizados para la evaluación del impacto económico del transporte.

En esta investigación se expone una modelo de acceso, fiabilidad, calidad y costo que simula la naturaleza del crecimiento económico por los proyectos de transporte, además se analiza la cobertura del impacto económico y se describen las nuevas orientaciones en los modelos aplicados, para evaluar la productividad empresarial, el crecimiento y la atracción económica y finalmente, se expone un análisis diseñado para facilitar el uso de mejores métodos de modelación que permita evaluar los impactos económicos de la inversión de transporte en los negocios.

Los servicios públicos de transporte proporcionan movilidad, puede dar forma a la utilización del suelo y los patrones de desarrollo, generar empleo y favorecer el crecimiento económico, y apoyar las políticas públicas en materia de uso de la energía, el aire la calidad y las emisiones de carbono.

Estas características pueden ser importantes cuando se tienen en cuenta los beneficios, costos y niveles óptimos de inversión para las empresas.

Esta investigación se centra en un solo aspecto - cómo la inversión en transporte público afecta a la economía en términos de empleo, los salarios y renta de las empresas. Se trata específicamente sobre cómo los diversos aspectos de la economía se ven afectados por las decisiones tomadas respecto al transporte.

Modelos Históricos de Evaluación del Impacto Económico del Transporte en los Negocios.

El efecto de la inversión en el transporte para el desarrollo económico, proviene del rol que tienen los medios de transporte para permitir el movimiento y el intercambio de actividades entre las localidades.

La bibliografía disponible muestra que tanto el crecimiento y la concentración de la actividad económica en un determinado lugar depende de los accesos a los mercados disponible por el medio de transporte.

Esto se refleja en la obra sobre el desarrollo del lugar por el transporte (Christaller 1933), economías de escala (Marshall 1919) y las economías de aglomeración (Weber, 1929). Sin embargo, para comprender mejor el papel en el desarrollo económico ocasionado por el transporte, es útil identificar los mecanismos por los que el transporte puede afectar a los mercados de proveedores y consumidores así como las consecuencias en los costos, afectando al negocio y la magnitud del crecimiento económico entre las diversas industrias.

Desde un punto de vista del desarrollo del negocio las mejoras en el transporte puede afectar el crecimiento y el desarrollo en al menos de cuatro maneras:

(1) Permite nuevas formas de comercio entre las industrias y los mercados

(2) Reducción de pérdidas de carga y el mejoramiento de la confiabilidad de los movimientos comerciales existentes

(3) Ampliación del tamaño de los mercados y permitir las economías de escala en la producción y distribución de bienes y servicios

(4) Aumento de la productividad mediante el acceso a los mercados de trabajo, de suministros y de compradores.
Cada uno de estos elementos se puede ilustrar con ejemplos históricos   reales implementados en México mucho antes de la divulgación de las teorías que los apoyan.

Desarrollo del Transporte
El desarrollo económico se refiere al crecimiento y desarrollo de la economía de una nación o región, medida por el aumento de sus ingresos y la creación de empleo. En la antigüedad ya era del dominio público la relación entre el transporte y el desarrollo económico, el crecimiento económico dependía del acceso al mercado, al productor y al cliente a través de las rutas de transporte. Hace 2.000 años, las antiguas rutas de caravanas como la Ruta de la Seda, la Ruta de las Especias y la Ruta del Oro y de la Sal se establecieron como la columna vertebral para transportar productos a mercados europeos.

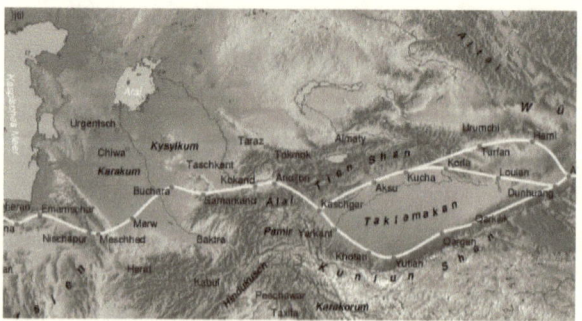

Ruta de la seda

A medida que estas rutas de comercio se definieron se formalizó las redes de distribución que efectivamente fomentaba el empleo y el ingreso para varios productores, comerciantes y mercaderes. También apoyaron la economía de las industrias intermedias y lugares que prestan servicios a viajeros. Por ejemplo, el comercio interindustrial llevó al desarrollo de una cadena de suministro de valor añadido a lo largo del camino de la seda, para el comercio de la seda, alfombras, prendas de vestir y productos de cerámica y de gemas que se fabrican y comercializan entre una cadena de centros comerciales en Europa, Persia, India y China. En África, el comercio y las economías intermedias de viajeros con su servicio desarrollaron lugares como

Tombuctú, que comenzó como una parada de camellos con oro y la Ruta de la Sal, ruta de comercio entre África y Europa. Un milenio más tarde, el comercio inter industrias fue formalizado mediante un análisis de entradas y salidas (Leontief 1951) y más tarde la administración de la cadena de suministros (e.g., Bowersox y Closs, 1996).

Infraestructura del transporte para reducir los costos
Con el tiempo, la continuidad de las inversiones en infraestructura mejoro los tiempos de viaje, la fiabilidad y la capacidad. Los romanos construyeron más de 50.000 kilómetros de carreteras para apoyar una red de comercio, la defensa nacional y las rutas de comercio interestatal. Gaza y más tarde Cesarea fueron desarrollados como un centro intermodal de mercancías con itinerarios de barcos en el Mediterráneo con las rutas terrestres de mercancías procedentes de Arabia y Asia. Esta transferencia intermodal, mejoro la fiabilidad y las pérdidas, al permitir el uso de una ruta terrestre de Arabia que evitaba los peligros de las rocas y la piratería que plagan los viajes por el Mar Rojo, en combinación con una ruta por Mediterráneo a Europa evitó las dificultades del terreno y las limitaciones de peso asociada con el viaje por tierra a través de Europa. Un milenio más tarde, ante los incrementos en las tarifas del transporte se prevé utilizar formulaciones matemáticas para el análisis de la incertidumbre y del riesgo (por ejemplo, ver a Bedford y Cooke 2001).

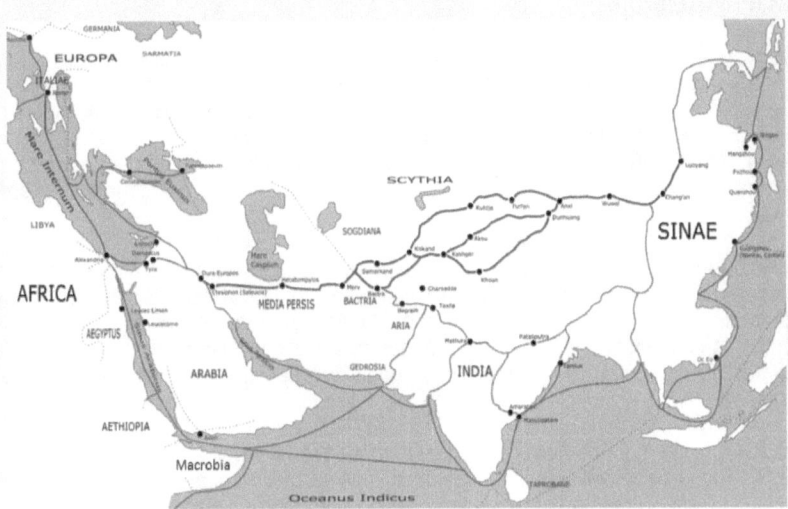

La Ruta de La Seda Expandida por los Viajes de Marco Polo

El aumento del mercado y la productividad
Hasta hace sólo dos siglos, nos encontramos con que los Estados Unidos de Norte América comenzaron a invertir en las rutas comerciales y de carga, esencialmente por las mismas razones que los romanos. Los primeros programas federales de apoyo al

desarrollo de las carreteras (por ejemplo, Cumberland Pike en 1818) y rutas por ríos y canales (por ejemplo, del canal de Erie en 1825) como un medio para ampliar el acceso al mercado del trigo y otros productos agrícolas que serían enviado desde granjas del interior de Nueva York y otras grandes ciudades cercanas a la costa. El resultado fue una caída sustancial en los precios del trigo, ya que los consumidores tuvieron acceso a una mayor oferta de productos agrícolas y a productos de menor costo. También condujo a un aumento sustancial en los ingresos generados por el transporte y tuvieron acceso a un mercado más amplio para sus productos. Un siglo más tarde, el concepto de economías de escala de mercado se formalizó en los libros y artículos de Marshall (1919).

Reducir el aislamiento y mejorar el acceso a los mercados
El tema de la mejora a los accesos a los mercados continuaron en la década de 1960, la inversión carretera era considerado por las autoridades estadounidenses como un medio para facilitar los modelos de ingresos para predecir el impacto en el desarrollo económico derivado de los proyectos de transporte y el crecimiento mediante la mejora del acceso de mano de obra, materiales y de los mercados de los clientes. Un informe federal temprano se centró en el beneficio del sistema de autopistas interestatales, como el aumento del acceso al parecer eficaces para reducir las distancias entre las zonas (FHWA, 1970).

En 1964, una Comisión Presidencial informó que "el crecimiento económico en la región de los Apalaches no sería posible hasta que el aislamiento de la región sea superado" y el Congreso reaccionó mediante la financiación del sistema de los Apalaches el Desarrollo de Carreteras "para generar desarrollo económico en las zonas previamente aisladas." (ARC 1964). Tres décadas más tarde, los beneficios de eficiencia económica de un mayor acceso a los insumos se formalizó en el trabajo de Krugman (1991) y Fujita et al. (2001).

Un último aspecto de la relación entre transporte y desarrollo económico es el "efecto contrario" de la congestión. Mediante el incremento en el rendimiento de motores con mejor tecnología, el aumento de los tiempos de viaje y de los costos, la reducción de la fiabilidad, la congestión potencialmente puede socavar o incluso revertir los cuatro tipos anteriores de los impactos del desarrollo económico habilitados por las inversiones en el transporte.

La preocupación por los retrasos ocasionados por la congestión vehicular ha sido durante mucho tiempo una preocupación en las zonas urbanas. Más de 2.000 años atrás, Julio César prohibió el tráfico de carros en el centro de Roma durante el día para reducir la congestión del tráfico, se definieren puntos de peaje y control de accesos para ayudar a controlar el tráfico. Hoy en día, como en el pasado, los niveles de congestión durante las horas pico también dan lugar tanto a la demora recurrente y una mayor probabilidad de incidentes, que en conjunto pueden reducir significativamente la confiabilidad y aumentar los gastos de viaje, lo que reduce las ventajas asociadas con las áreas beneficiadas (Weisbrod et al., 2003).

Estos ejemplos históricos ilustran la amplia gama en que los cambios en el transporte pueden afectar el desarrollo económico. Ellos proporcionan la base para la Tabla 1, que enumera los principales mecanismos de impacto del transporte en los negocios, junto con las características de los servicios que afectan a la economía. Esta lista se puede utilizar como un conjunto de criterios para evaluar tanto la amplitud de los estudios de investigación pertinentes y las limitaciones de los modelos predictivos.

El hallazgo más importante de estos ejemplos y la lista de factores de la Tabla 1 es que el tiempo de viaje, costos, fiabilidad, acceso a los mercados, las conexiones intermodales de transferencia y la conectividad de toda la ruta de viaje pueden entrar en juego como factores relevantes que afectan el crecimiento económico de las industrias respecto a su ubicación con acceso al transporte. De hecho, desde la antigüedad hasta mediados del siglo pasado, nadie habría pensado que para evaluar el beneficio económico de la inversión del transporte sólo bastaba con calcular el valor de los ahorros en el tiempo y los costos de los vehículos, como todavía se hace con frecuencia en los cálculos del beneficio/coso. Sería impensable para evaluar el beneficio en los negocios, el trabajo y los ingresos de los servicios de transporte y servicios sin considerar factores tales como la accesibilidad a los mercados, economías de escala, la expansión del mercado, la fiabilidad, la logística intermodal y la conectividad, no tenían ni modelos matemáticos, ni programas de computación.

Hacia una Visión Generalizada del Transporte
Conexión con el desarrollo económico, La investigación ha evolucionado para hacer frente a varios de los complejos factores en juego en los ejemplos precedentes. Es útil resumir algunos de los tipos usados para evaluar el impacto económico que han demostrado ser importantes en la investigación, ya que proporciona una base para su posterior evaluación y su cobertura para aplicarlos en computadoras.

Las formas que se relacionan con los factores de transporte y los resultados económicos siguen siendo importantes cuestiones que están pendientes de resolución, el enfoque es sobre la evaluación de los modelos desde el punto de vista de su integridad en la cobertura de los factores relevantes que afectan a los negocios y el impacto económico.

Los factores que son importantes al considerar evaluar el impacto del transporte en los negocios son:

Tabla 1: Lista de factores para evaluar el impacto del transporte en el desarrollo económico de los negocios.

(A) Mecanismos que permiten el desarrollo económico.
Desarrollo de rutas que permitan nuevos intercambios comerciales entre las industrias y en nuevos mercados.
Mejora de los gastos de viaje y tiempo de viaje para los pasajeros y para el movimientos de carga.
Reducir la incertidumbre y el riesgo, disminuyendo las pérdidas y mejorar la fiabilidad

La expansión de mercados, lo que permite "economías de escala" en la producción y la distribución.
Aumento de la productividad derivado del acceso a insumos más diversos y más amplios mercados para los productos.

(B) Mecanismos que reducen el desarrollo económico
La congestión tiene impactos negativos en el volumen comercial, tiempo de viaje, el costo del viaje, confiabilidad y acceso al mercado

(C) Aspectos del rendimiento del transporte
El tiempo de viaje y los gastos
Logística tiempo de procesamiento y gastos
Fiabilidad del programa
El deterioro o pérdidas
Accesibilidad a mercados (proveedores, trabajadores, clientes)
Acceso a las instalaciones intermodales, las interconexiones
Capacidad de carga, limitaciones de peso y volumen
Hora, día y variaciones estacionales en los factores anteriores
El impacto inducido sobre la demanda y el crecimiento del tráfico

Diferencias en Costos y Calidad

Las primeras teorías y ejemplos muestran que las mejoras de transporte pueden reducir los costos de transporte de manera diferente entre los diversos sectores.

En concreto, el tamaño del mercado de trabajo (y sus tiempos de viaje y los costos asociados) puede variar entre empresas, debido a la reducción de los tiempos de desplazamientos en sus diferentes opciones de modo de transporte se ha demostrado que difieren por la ocupación y oficio (Weisbrod y otros, 2003). De manera similar, las distancias para el suministro de material y las entregas de productos (sus tiempos y costos de viaje asociados) puede variar entre industrias, porque varios materiales y productos son transportados y entregados a través de diferentes combinaciones de modos de transporte. Como resultado, el sesgo surge en la estimación de los tiempos de acceso al mercado y los costos de transporte (López, 2003).

Además de afectar a las características de los mercados, la ampliación de los accesos también puede afectar a los precios y la calidad de mano de obra disponible y de los mercados de proveedores de materiales. Estos factores también afectan el crecimiento económico respecto a la pertinencia entre los atributos del mercado disponible y la mano de obra o material especializado de una determinada industria.

La importancia al considerar la calidad, así como los atributos de precios es también expresada en la literatura del desarrollo económico del transporte sobre la formación profesional y su capacidad (por ejemplo, Blakely y Bradshaw, 2002), la especialización de las cadenas de suministro (por ejemplo, Bowersox y Closs, 1996), y el efecto en la productividad ocasionado por un mejores accesos a los insumos y la materia prima (por ejemplo, Krugman, 1995; Weisbrod y Treyz, 1998). También se ha demostrado que las características de las carreteras afectan el desarrollo económico, que ocurre en zonas favorecidas por las carreteras de mayor velocidad (Horst y Moore, 2003).

Red de transporte y condiciones de acceso

El impactos de las mejoras en el transporte sobre los tiempos de viaje pueden diferir sustancialmente, ya que la variación en la densidad vehicular en la red, la ruta y los factores de conectividad y congestión pueden hacer que el patrón de cambios en el tiempo de viaje entre ubicaciones sea muy diferente de los patrones comunes (Combes y col, 2005).

Para capturar la variación en las condiciones de viaje (niveles de servicio), se ha integrado el modo y la dirección de viaje específica (Lindall et al, 2005). El carácter específico de la dirección de de viaje son factores de impedancia debido a la unidireccionalidad de muchos flujos de productos y servicios, como resultado de las cadenas de suministro y de los canales de distribución entre el comprador el proveedor (Enright 1996). Además, el acceso y la conectividad a las terminales intermodales han demostrado ser factores importantes en la concentración de algunos servicios para la industria (Targa et al, 2005).

Algunas industrias tienen ya considerado retrasos en los tiempos de viaje aceptables y reprograman la variabilidad, que limitan efectivamente sus actividades y lesionan los mercados. Por ejemplo, la programación justo a tiempo puede limitar la proveeduría y lesionar la entrega el mismo día.

Los casos históricos y los resultados de la investigación a una visión generalizada de los factores clave en la determinación sobre cómo una mejora específica en el transporte puede llevar al crecimiento económico en un determinado zona.

Clasificación de los modelos de computadora aplicables

En el área del transporte, las computadoras empezaron a usarse en el campo de la ingeniería en transporte y al modelado de redes de transporte urbano en los años 1960 y 1970 como herramientas para simular y definir futuras demandas de viajes entre rutas alternativas en un red vial urbana (CATS, 1962). En el campo del desarrollo económico y modelos para predecir el impacto de económico en los negocios originado por proyectos de transporte (Shen, 1960; Schaffer, 1972). Principalmente fueron técnicas de asignación, de seguimiento y predicción de los flujos futuros (para el tráfico en un caso, y de dinero en el segundo caso). Se cuenta con una herramienta para calcular el efecto de mejoras en el transporte, en los costos, tiempos de viajes y los impactos de los cambios en los costos en los bienes o servicio en una economía regional.

Esta experiencia ha llevado al mejoramiento de programas de cómputo y de computadoras para la evaluación del impacto y consecuencias económicas en el transporte, incluyendo modelos de impacto regional, modelos de uso de la tierra, desarrollo y mejoramiento de vialidades e infraestructura vial, modelos macroeconómicos, modelos de simulación económica regional, y modelos de acceso local. Es útil revisar los tipos de modelos y sus puntos fuertes y limitaciones para poner de relieve las diferencias en la cobertura de soporte de sistemas computacionales en el transporte.

Modelos de Impacto Basados en la Investigación de Operaciones, La década de 1980 marcó el surgimiento del uso de modelos de simulación por computadora que intentaron predecir las consecuencias regionales de crecimiento económico de proyectos de transporte. Los primeros modelos se basaron en el modelado de insumo-producto para calcular el crecimiento de cualquier industria. el enfoque permitió el análisis del transporte el efecto en los gastos para estimar los cambios en los tiempos de viaje y los costos asociados por retardos en la entrada de los trabajadores, las entradas de material y las entregas a los clientes.

El Modelo implementada para evaluar el Impacto Económico del transporte fue inicialmente desarrollado a mediados de la década de los 1980 (Politano y Roadifer, 1989). Se incluía una serie de factores que traducían el gasto en la construcción de carreteras y autopistas en el ahorro en los costos de viaje y los ingresos del negocio.

Estos primeros modelos de IO aplicados al transporte se destacaron por incorporar las diferencias en el uso de modos de transporte y el ahorro de costos de viaje entre las zonas urbanas, las industrias, obteniendo resultados del impacto económico que varió entre industrias y regiones. Se incluyó patrones de viaje, origen y destino no se medía ningún impacto adicional de acceso a los mercados.

Uso de la Tierra y modelos de desarrollo, Mientras que los modelos de impacto económico regional se centraron en la economía a nivel regional, otro tema de investigación se ha centrado en la densidad de la tierra y los patrones de crecimiento y su sensibilidad debido al transporte.

El uso de modelos para la simulación del impacto del transporte y el uso del suelo se basa en los mismos conceptos anteriores, además de utilizar una relación sobre la plusvalía del terreno ocasionado por el transporte. Por ejemplo, el modelo ampliamente utilizado MEPLAN usa datos estadísticos de población y vivienda para pronosticar impactos económicos en la población y el crecimiento de la industria básica ocasionada por el transporte, tiempos de viaje y costos de tarifas, (Echenique 1994).

El software PECAS, incorpora los precios y oferta y demanda del suelo enfocándose en el cálculo de la demanda local de la tierra y de sus precios, sobre la base catastral representando distancias y costos para desplazamientos y movimientos de mercancías entre zonas (Hunt y Abraham, 2005).

El software TELUS es un modelo de análisis también referido como TELUS, amplia el modelado al uso del suelo y al cálculo del impacto económico del transporte y los gastos por pasajes y los beneficios del ahorro de tiempos de viajes, el software además considera el cambio en los accesos para pronosticar los impactos totales en la economía regional (Pignataro, 1998).

Hay muchos otros modelos de cálculo y simulación, que también se usan para medir el impacto económico ocasionado por el transporte, además de los citados aquí. Sin embargo, estos ejemplos ilustran los aspectos más importantes del software usados en la definición del impacto en el crecimiento económico y las redes de transporte y los accesos a los mercados y la demanda. Eso hace que sea posible evaluar los impactos en los proyectos de transporte en los negocios, la expansión del mercado y la dispersión de los lugares residenciales y comerciales. Dado que estos sistemas están orientados hacia la medición del impacto económico originados por el transporte las medidas se centran, en las variaciones de los tiempos y los costos en la población y las actividades económicas de la población. Por lo general no miden otros modos de transporte como el tren, avión o modos marítimos o los sistemas de carga especializados.

Modelos macroeconómicos, Otra clase de modelos se centran en principios macroeconómicos sobre la inversión y el costo de mano de obra, el capital y la eficiencia del transporte, la industria y los insumos. Conocido comúnmente como modelos de equilibrio general (CGE), emplean una serie de ecuaciones que representan la oferta y la demanda de mano de obra, el capital e insumos del transporte, y derivan los costos de equilibrio de estos factores de producción y definen una matriz insumo-producto.

Los resultados se utilizan para la construcción de pronósticos ocasionados en los cambios en la producción, con base en las funciones de producción y en los factores de entrada. Los modelos CGE fueron diseñados originalmente para su uso a nivel internacional y a escala macro. Los primeros trabajos muestran cómo se comporta el comercio y es modelada sobre la base de los costos en los productos y servicios derivados de las distancias de envíos de producción de un origen a un destino, sin distinguir las diferencias modales o espaciales adicionales (Buckley, 1992).

Ivanova (2004) utilizó el modelo CGE en Noruega, con 20 regiones y 10 productos. Se utiliza junto con un conjunto de datos de la red de transporte multimodal que cubre el transporte por carretera, por ferrocarril y por mar, para establecer el impacto en los negocios originado por los costos de transporte en el comercio de mercancías entre las regiones. Esta información se utilizó para calcular los efectos económicos de la propuesta de una nueva reta interregional de transporte.

El software ASTRA es un modelo dinámico aplicable a la economía europea, diseñado para estimar el impacto económico del transporte, cambios en los impuestos, en los costos de productos y en la inversión pública.

El modelo fue desarrollado en 1997 y actualizado para incluir modelos para el cálculo del impacto en el desarrollo económico ocasionado por proyectos de transporte, incluye un módulo macroeconómico para estimar la demanda de suministro de interacciones con las funciones de producción.

Esto proporciona una base para la evaluación del impacto del transporte, cambios en la oferta de trabajo, capital social y el costo total de la producción así como variaciones en la productividad.

ASTRA se aplica para estimar los efectos en el crecimiento económico originado por la inversión en el sistema multimodal, se define la tendencia en la demanda de viajes y en los cambios en el transporte, los niveles de congestión, los accidentes y los costos de operación. (Martino et al, 2005)

Estos modelos espaciales se caracterizan por la integración de los modelos de simulación económica con modelos de transporte para pronosticar los impactos de los proyectos propuestos en el crecimiento del negocio e interregional (envío de carga) los patrones de comercio de la industria y por región.

Se usan los modelos de transporte multimodal y fuentes de datos para el cálculo de los cambios específicos de la industria en los gastos de transporte de carga. Sin embargo, están diseñados para funcionar a un nivel regional de detalle espacial, que es apropiada para la simulación de la oferta, la demanda y la intensidad de uso de mano de obra y las reservas de capital. En consecuencia, las medidas de costo de transporte tienden a ser factores locales, como las carreteras y la conectividad intermodal y los cambios de acceso.

Modelos de Simulación regionales, se dispone de modelos de simulación que se centran en una micro región específica, que puede ser tan pequeño como un área de la colonia. Estos modelos están orientados a la estimación de las consecuencias de un proyecto de transporte (o un conjunto de proyectos) para el desarrollo económico de una micro región específica, lo que lo hace de especial interés para esta investigación. Como modelos orientados a una microrregión, miden impactos de desarrollo económico en términos del cambio en el empleo y los ingresos generados dentro de un área específica de estudio. Esta perspectiva regional reconoce tanto la expansión de las empresas existentes y la reubicación de los negocios de otros lugares como los beneficios del desarrollo económico local.

El software REMI es un paquete comercial que se utiliza ampliamente y disponible a nivel regional, nacional o estatal. No fue diseñado específicamente para el transporte, sino más bien, como un sistema de análisis de las políticas públicas en el que se permite estimar las consecuencias económicas regionales de una amplia gama de políticas fiscales, de inversión y normativos o de transporte.

Como modelo de simulación, combina elementos de los modelos CGE macroeconómicos que abarca los impactos en el crecimiento económico de los cambios en la oferta de trabajo, el capital social, el costo de los factores y productividad, junto con el modelado a nivel local, cubre los impactos sobre la migración de la población, el costo de los gastos de operación de la industria. El modelo puede ser utilizado en una forma región o multiregional, distingue el comercio interior del comercio exterior.

Recientemente, se añadió un módulo de geografía económica que ajusta el poder adquisitivo regional, patrones de consumo y bloques comerciales y cambios en los patrones de consumo y el acceso de mercancías y los índices de acceso a mano de obra entre regiones.

El uso de este modelo es de particular interés porque ha sido la base para muchos estudios de impacto económico provocados por el transporte y ha dado lugar a una variedad de herramientas relacionadas para la evaluación de los impactos económicos inducidos por el transporte.

Las primeras aplicaciones del modelo REMI-PI para proyectos de transporte se produjo en 1988-1990 para el estudio de un proyecto de carretera en Wisconsin (Weisbrod y Beckwith, 1992). Fue seguido por aplicaciones similares para corredores viales en Indiana, Iowa, Louisiana, Kentucky y para predecir el impacto del desarrollo económico provocado por proyectos de transporte en más de una docena de estados durante la década de 1990. Todos estos estudios utilizaron el modelo REMI-PI para el cálculo de los impactos de crecimiento económico y cambios en los costos comerciales que se derivarían de las mejoras en el transporte.

En base en un modelo de red de carreteras, con un origen-destino definido y el viaje de los supuestos, que se utilizó para calcular los efectos de la propuesta del proyecto de ahorro de vehículos-horas de viaje y vehículos-kilómetros del tiempo de viaje, esos resultados se representaron en ahorros de costos y de tiempo de viaje.

Todos estos estudios reconocen que el impacto económico de una nueva ruta de transporte puede ir más allá del efecto de ahorro de tiempo y costos de viajes derivados de un modelo de red de transporte, el tráfico inducido y las actividades comerciales son atraídos por una región cuando un proyecto se expande a otros mercados, lo que proporciona acceso a determinados tipos de instalaciones intermodales y servicios, mejora la logística y la eficiencia de almacenamiento debido a la nueva carretera y las interconexiones del transporte, permite nuevos modelos de apoyo a las cadenas de suministro y abre nuevos espacios turísticos.

Estos estudios estiman el acceso a los mercados y los impactos más allá de la conectividad y mide los efectos del ahorro de costos en el suministro de materia prima para las industrias existentes.

Los primeros estudios se basaron en encuestas y entrevistas para medir el desarrollo económico y las implicaciones de la mejora del acceso y la conectividad para varias industrias ocasionadas por el transporte.

Un sistema basado en el SIG que añade los datos de flujo de productos detallada y una versión mejorada del módulo de atracción de negocios tiene en cuenta las consecuencias económicas de proyectos de carreteras y los cambios de acceso a los aeropuertos, instalaciones intermodales de transporte de mercancías y pasos fronterizos, así como los mercados de suministro de mano de obra (Wornum et al, 2005).

El valor de la combinación de un modelo económico regional con los flujos de mercancías detallada y acceso a patrones de consumo se demostró aún más en un marco multimodal por el software RUBMRIO (Utilidad Random Input-Output Multi-Regional Based), (Juri y Kockelman, 2006). Incorporó demandas de equilibrio del mercado y funciones para calcular los cambios en la demanda y los precios de la tierra y la mano de obra entre los condados.

También introdujo un enfoque de utilidad aleatoria para calcular la "inutilidad", una medida compuesta de modelos para predecir el impacto de desarrollo económico de proyectos de transporte rentable para la compra de materias primas interzonales, calculado a partir de los modelos de demanda de la industria. Este modelo se caracteriza por su dependencia del ferrocarril y las carreteras, los flujos de mercancías, los tiempos de viaje y los costos, la estimación del ferrocarril y el transporte por carretera puede conducir tanto al crecimiento económico e implicaciones económicas de redistribución con efectos importantes.

Un enfoque diferente para el modelado de las consecuencias económicas regionales se ilustra con el modelo CRIO. Es un modelo regional que añade un conjunto de características para estimar el incremento de las mejoras en el transporte a nivel local y regional, pero incluye factores macroeconómicos que normalmente no entran en juego en este tipo de situaciones.

Esta herramienta, diseñado para evaluar el impacto simultáneamente por varios modos de transporte, combina un modelo de IO y las previsiones iniciales de crecimiento económico con una serie de funciones econométricas relativas al acceso de transporte y cambios en los costos de viaje en las industrias, la producción y el crecimiento del empleo.

Se ha utilizado más ampliamente el sistema TREDIS para estimar el impacto económico regional de mejora a la infraestructura destinada a mejorar el flujo de mercancías en las regiones congestionadas, lo que lo hace particularmente útil para este tipo de situaciones, es su sensibilidad específica a los cambios de entregas de producción y de suministros, el tamaño del mercado y los accesos intermodales, todos los cuales utilizan las funciones no lineales con umbrales específicos.

En general, los estudios regionales tienden a utilizar información más detallada sobre los tiempos de viaje y los accesos, cambios de circulación que afectan a los diferentes modos de transporte y a sectores. Los estudios regionales a menudo también consideran los flujos de mercancías, la fiabilidad del sistema regional y los factores relacionados con la interconectividad entre los modos a un grado mucho mayor que los modelos de uso de la tierra.

Algunos economistas y defensores de diversos modelos tienden a difuminar estas distinciones espaciales y tratar de aplicar la misma ponderación macroeconómica a todos los niveles de la geografía. Sin embargo, estos ejemplos de aplicaciones del modelo muestran complejidad en la definición de los costos y otras consideraciones que pueden surgir en el ámbito local o regional.

Medidas de acceso a mercados, Los modelos que se centran específicamente en cómo afectan los cambios de acceso del transporte que afectan la atracción de empresas locales y las decisiones sobre su localización.

El modelo de atracción del transporte fue desarrollado originalmente para evaluar el impacto del análisis de costo beneficio de un corredor de transporte carretero.

Se utiliza un proceso de dos pasos para estimar las oportunidades del negocio y las atracciones asociados a un nuevo o mejorado sistema de carreteras entre las zonas rurales y urbanas. En primer lugar, se mide la distancia al negocio a las zonas rurales, cuyo acceso se mejorara, en comparación con los patrones y las tendencias de las zonas principales a las que estarían conectados por la carretera. En segundo lugar, se identifica la magnitud para predecir el impacto del desarrollo económico del proyecto de transporte que esas diferencias podrían tener y por deficiencias en las interconexiones del transporte, lo que será reducido o eliminado por la nueva carretera propuesta (Kaliski et al, 1999).

Poco después, el Software ARC-GIS y LEAP, Estas herramientas desarrolladas para identificar objetivos para el desarrollo económico y la atracción de negocios en áreas de influencia de corredores de transporte público utilizan la misma lógica de dos pasos como se mencionó anteriormente. Incluye acciones de mejora al transporte, incluyendo los mercados localizados en su zona de influencia, así como los mercados turísticos y las conexiones al transporte aéreo, ferroviario y terminales marítimos. Estos modelos fueron acompañados por guías sobre su uso para la estrategia de impacto económico.

Una característica adicional del LEAP fue el reconocimiento de las oportunidades de atracción de empresas asociadas con mejoras en el transporte y que también se ven afectados por los otros factores, incluyendo la calidad en la educación de la fuerza laboral.

(1 = CRITICAL DISADVANTAGE; 2 = IMPORTANT DISADVANTAGE)

Sector	DEFICIENCY (# OF JOBS)	TOTAL PRODUCTION COSTS	LABOR COSTS	LAND COSTS	ENERGY COSTS	TAXES	WORKER BASE	SKILLED WORKERS	WATER TRANS	AIR TRANS	RAIL TRANS	HIGHWAY TRANS
		Factor Costs					Labor Market		Transportation			
Agricultural services	91	1	1				1			1		
Fishing	0	2										
General contractors	2,812											
Heavy construction	86											
Food products	607	2			2							
Textile mill products	90	2			2							2
Apparel and other textile	1,277	2									2	2
Furniture and fixtures	192	1									2	
Rubber and plastics	967	1										
Leather products	58									1		
Industrial machinery	357	1						2			2	
Electronic/electric equipment	4,724	2						2		1		1
Trucking & warehousing	810	1		1						1		1
Transportation by air	296	1	2		2		2	2		1		
Transportation services	184	1	2		2		2					
Communications	1,798							2				
Electric, gas services	921							1				
Wholesale - durables	110	1	2				2	2		1		
Wholesale - nondurables	827	1	2				2					

Source: Economic Development Research Group 2004)

Un ejemplo de la forma en que el modelo combina la calificación de la suficiencia de transporte con las ponderaciones de otros factores para mostrar los roles de ambos tipos de factores como barreras para la economía local en desarrollo.

El modelo CDSS tiene un enfoque alternativo que se centra en los efectos de la congestión urbana de: los mercados de trabajo, los mercados de suministro de productos terminados.

Los resultados de la investigación para medir el impacto económico en los negocios originado por proyectos de transporte muestran cómo los cambios en el acceso a las rutas normales de los trabajadores tienen impactos económicos que varían entre las ocupaciones, mientras que los cambios en el acceso a la entrega de productos terminados tiene impacto económico que varían entre los industrias. El modelo fue diseñado para utilizar esta información para calcular los efectos de la alternativa en los costos laborales por industria (Weisbrod et al, 2003).

Un modelo econométrico desarrollado en la Universidad de Maryland amplia muchos de estos mismos factores de acceso a una micro zona espacial. El modelo, desarrollado para una región de Maryland, mostró cómo el nivel de la actividad económica en una zona determinada (Medido por el número de establecimientos en cada uno de los tipos industriales) se puede pronosticar en base a la oferta de transporte, al índice de productividad de los negocios, zonas adyacentes, accesibilidad al transporte, aglomeración y tiempos de recorrido en horas pico y accesos a los aeropuertos, terminales de carga intermodales y las estaciones de transporte ferroviario, así como a los mercados de trabajo, de consumo y proveedores (Targa et al, 2005), este modelo se utilizó para estimar los impactos de un corredor logístico.

Todavía hay situaciones en las que no hay un modelo matemático para calcular el impacto económico ocasionado por el transporte, será necesario investigar más al respecto, Se necesitan más investigaciones que se orienten a situaciones en las que una nueva carretera o mejora en la infraestructura física pueda abrir el acceso a un nuevo mercado y permitir nuevas industrias específicas y la generación de empleos mediante el transporte, o a un nuevo destino turístico.

Existen herramientas especializadas para el seguimiento del impacto económico debido a los cambios en el transporte y sus conexiones respecto a los flujos económicos entre las regiones, en la actualidad la globalización y el intercambio de bienes y servicios, el desplazamiento de consumidores y de la inversión y la rotación de necesidades y de grupos comerciales, ha definido este tipo de investigaciones a niveles exigentes tanto en la adquisición de datos a tiempo real como de necesidades en los nuevos mercados y economías emergentes.

REMI-TranSight y el software REMI-PI calcula y mide el impacto de los proyectos de transporte considerando las distancias entre las regiones de centros de consumo y de producción aumentando así la dependencia de los proveedores y compradores relaciones entre si. Estos paquetes de soluciones se basan principalmente en las distancias entre el origen y el destino para definir el impacto en los negocios en la zona, pero no toma en cuenta la variación en las velocidades de tránsito y los tiempos de viaje entre modos o entre partes de la red de transporte.

Los enfoques más detallados y realistas han sido las soluciones basadas en sistemas de información geográfica con datos de la red de transporte y terminales y puertos multimodales.

Este enfoque hace que sea posible utilizar un mayor nivel de detalle dentro del espacio geográfico para mejorar la medición de los cambios de accesibilidad dentro de una región, y aplicar un modelo económico a nivel regional para evaluar las consecuencias en los negocios y el impacto económico. La visualización de un proyecto georreferenciado hace posible mostrar cómo la red de transporte o las mejoras en las conexiones de transporte por carretera o por ferrocarril pueden afectar al tamaño de los mercados de trabajo y los mercados comerciales en la región.

También define el impacto en las mejoras a la infraestructura carretera y los accesos a corredores intermodales, las conexiones a los puertos aéreos y marítimos, redes ferroviarias e intermodales y las instalaciones para carga de camiones y aduanas.

La incorporación de los sistemas de información geográfica facilita el desarrollo de nuevos sistemas de análisis para medir los cambios en el acceso, la conectividad y su impacto sobre el desarrollo económico regional.

El sistema de EDR-LEAP basado en la web es una extensión del modelo LEAP que integra el modelo basado en sistemas de información geográfica e incorpora datos geo vectoriales y raster de acceso con USDOT de la red federal de carreteras y terminales intermodales, lo mismo para el transporte ferroviario, aéreo y marítimo y las instalaciones de terminales y accesos a puertos. Esa información se utiliza para calcular los impactos económicos en los negocios y en la comunidad ocasionado por los cambios de tiempo de viaje, en el tamaño de los mercados, crecimiento de la población para pronosticar el impacto de económico de proyectos de transporte. Esto permite al sistema evaluar los impactos económicos ocasionados por las interconexiones intermodales en la red de transporte.

El software TREDIS, también incorpora los modelos económicos regionales para evaluar el impacto económico en el desarrollo de propuestas regionales de transporte.

El software HEAT basado en el SIG desarrollado para un modelo detallado de transporte y los datos de los flujos de mercancías. Este sistema proporciona detalles sobre los cambios en el acceso a mercados de comercio internacional, así como instalaciones intermodales y a los mercados de suministros para las industrias y productos específicos.

Ambos enfoques de accesibilidad fueron diseñado para trabajar con modelos de impacto económico para evaluar las implicaciones de los cambios a los accesos así como el tiempo y coso de viaje (Wornum et al, 2005).

Uso de Modelos, Todas las clases anteriores de modelos cuentan con diversas métricas para definir el impacto económico en los negocios originado por el transporte y el crecimiento de la actividad económica de una región. Sin embargo, la cuestión sobre cómo se utilizan los resultados en la toma de decisiones no es una cuestión simple.

En la literatura sobre la investigación es claro que el impacto económico de un proyecto de transporte, no es lo mismo que el valor económico de los beneficios del proyecto. Sin embargo, se puede argumentar que uno de los elementos más importantes del modelado del impacto económico ha sido velado de las diferencias en el uso de estudios de impacto económico.

Algunas diferencias entre estos dos conceptos son los siguientes:

• Similitudes – Los negocios relacionados con el ahorro de tiempo de viaje y de dinero incluyendo los costos de operación afectan a la economía a través de cambios en los gastos de los hogares y empresas, y a través de la mejora de la productividad para las empresas. Estos son elementos de impacto y de crecimiento económico y también son elementos de beneficio del proyecto.

• Factores dónde las medidas de desarrollo económico son más amplios, los impactos económicos a escala regional pueden incluir algunos de los factores que no pueden ser contados en el valor neto de los beneficios del proyecto.

Por ejemplo, el impacto del crecimiento económico en una región o país puede incluir efectos a corto plazo del gasto en construcción, así como los efectos a largo plazo de la atracción de inversión empresarial en una región o país. Sin embargo, en la contabilidad de costo-beneficio, el gasto en construcción por si mismo no necesariamente trae ningún beneficio neto sobre la alternativa de invertir lo mismo en otro proyecto esto es el costo de oportunidad. Además, mientras que las decisiones sobre la reubicación del negocio son motivadas por la oportunidad de incrementar la rentabilidad y el retorno de la inversión, el beneficio neto de la productividad para la nación o el mundo es por lo general menor que el impacto sobre el crecimiento económico de una región.

• Factores dónde las medidas de desarrollo económico son más estrechas, los impactos sobre la economía pueden excluir algunos factores que pueden ser incluidos en el valor neto de los beneficios del proyecto de transporte. Para ejemplo, el valor en pesos por las reducciones de tiempo de viaje personales como un elemento de impacto de viaje y la valoración del dólar en las mejoras de la calidad del aire como un elemento de impacto social son beneficios reales de los proyectos a los que se puede asignar un valor económico. Sin embargo, este valor no convertirá automáticamente en un cambio equivalente el flujo de dinero y los ingresos en la economía, además, las mejoras en la seguridad del transporte son un claro beneficio social, pero no lo hacen necesariamente crear empleos e ingresos en una economía local, de hecho, podrían dar lugar a una pérdida de empleos e ingresos.

Estas similitudes y diferencias dan lugar a una serie de formas alternativas de ver el impacto económico y los beneficios de los proyectos de transporte, que se ilustran en la Tabla 3. Ponen de relieve el hecho de que hay valores económicos en los beneficios de los viajeros que incluyen el tiempo de viaje y los ahorros en el costo del viajes, amplios beneficios para el usuario que incluyen beneficios en la productividad y más ampliamente en beneficios sociales que afectan a los no usuarios como el beneficio al medio ambiente, La tabla también diferencia el desarrollo económico regional de otras clases de beneficios, ya que el crecimiento del negocios puede ser considerado como un resultado beneficioso para la región, pero la inclusión de los traslados de las empresas de regiones cercanas no sería necesariamente un beneficio a partir de una vista nacional más grande.

Debe quedar claro que los modelos de impacto económico no son sistemas de sistemas de contabilidad, se hace hincapié en la consulta de la Guía para la evaluación de los efectos sociales y económicos de los proyectos de transporte NCHRP (Forkenbrock y Weisbrod, 2001) y la guía para el análisis costo / beneficio de proyectos de transporte (California Department of Transportation, 2004).

Estas diferencias pueden llegar a ser confusos cuando se utiliza un modelo de impacto económico regional y forzar el análisis a impactos no económicos como el social y ambiental lo que afecta a la productividad empresarial y económica. Por ejemplo, el modelo REMI-PI tiene una entrada de datos comúnmente conocida como las variables de equipamiento que permite al analista determinar el valor en pesos de los beneficios no monetarios tales como el ahorro de tiempo para los viajes de personas y las mejoras en la calidad del aire, también se ingresan datos como los factores que afecta a la migración de la población, paralela a los efectos de una reducción en costos de la vivienda, el modelo pronostica el aumento de la inmigración y el aumento en el suministro de trabajadores cuando es mayor que la tasa de crecimiento esperada para el empleo, lo que conduce a una caída en los salarios, lo que eleva la producción aparente y mueve los salarios y por lo tanto hace que el área se vea más competitiva para atraer negocios. En última instancia el modelo pronostica las variaciones en el empleo y los ingresos regionales.

Este enfoque puede ser usado para hacer que el modelo pronostique el crecimiento económico y su impacto en la economía, la magnitud del resultado depende de los indicadores de la población, de las tasas de migración y de los salarios, esta es una forma indirecta para que el modelo muestre impactos sobre el flujo económico in la economía, y no hay manera para asegurarse como pronosticar el impacto sobre los ingresos regionales que deberán comparar la valoración inicial o cualquier ahorro en tiempo y en el mejoramiento en la calidad del aire, como resultado se han evitado en algunos estudios que usan el modelo REMI para definir el impacto económico del proyecto de transporte. En la práctica se ha hecho un reporte sobre los beneficios sociales y ambientales y el flujo económico en la economía.

Las cuestiones planteadas ilustran la superposición e interrelación de las medidas de crecimiento económico con las medidas de beneficios económicos. También ilustran la importancia de la distinción social, beneficios y los costos de los impactos de crecimiento económico. Por último, refuerzan la necesidad de los analistas a tener en cuenta el aspecto espacial del crecimiento económico y las medidas de beneficios y evitar asumir que todos los efectos macro-escala son igualmente aplicables a los proyectos de micro-escala.

Diferencia entre el valor económico de los beneficios y los impactos económicos en los negocios.

Hacia un nuevo modelo, A partir de esta revisión, observamos que existen grandes diferencias entre los modelos esto conduce a las diferencias correspondientes en los aspectos de los impactos del transporte a las que son sensibles.

De ello se desprende que el analista que desee medir y definir el impacto económico en los negocios ocasionado por proyectos de transporte se tendrá que afinar en los aspectos relevantes e importantes por ser analizados para su situación particular se tendrá que empezar por seleccionar el modelo de modelización y medición adecuados.

Estos resultados también tienen implicaciones importantes para la investigación empírica, ya que sugieren la necesidad de centrarse sobre la estructura de las relaciones de impacto económico en los negocios por el transporte en el que intervienen factores que se listan en la Tabla 1.que puede ser útil para mejorar y validad la validez del modelo, también puede ayudar a mejorar la validez de los futuros modelos predictivos.

En conjunto, los resultados de esta revisión indican que las ocho directrices deben ser consideradas por los investigadores y analistas de políticas públicas del transporte, que tratan de seleccionar entre modelos predictivo y los métodos de medición de impacto:

1. Considere los factores de impacto económico más allá del valor de ahorros en el tiempo de viaje, número de viajes y los costos, incluido el valor potencial de la

conectividad a la red de carreteras, tanto para los desplazamientos de personas y el transporte de mercancías.

2. Se recomienda tener en cuenta la importancia de las implicaciones multimodales, por ejemplo, cómo un proyecto de autopista puede afectar el acceso a los puestos de trabajo, la recreación, aeropuertos, terminales ferroviarias intermodales y cruces fronterizos.

3. Considere la posibilidad de modificaciones en las condiciones de transporte para las industrias que son particularmente dependientes de la fiabilidad en las entregas sensibles en el tiempo (perecederos y materiales peligrosos).

4. Considerar la necesidad de utilizar métodos de análisis que se puedan identificar cuando el impacto del transporte limitada por otros factores, como el crecimiento económico local, las condiciones de la infraestructura, el financiamiento de los vehículos, las competencias laborales y la capacidad de crecimiento urbano a futuro.

5. Evitar la confusión por el uso de métodos de análisis que pueden separar impactos de valor económico y de los beneficios que no afectan directamente el flujo de efectivo.

6. Diferenciar el uso del suelo en el área en estudio: (a) habitacional, (b) industrial, (c) comercial y (d) reserva ecológica, y mostrar los resultados para el nivel de las zonas en estudio más adecuado.

7. Distinguir los beneficios y las perspectivas de costos: (a) los ahorros para los viajeros, (b) un ahorro para todos los usuarios, incluidos los transportistas de carga y el destinatario, (c) la generación de ingresos en la economía, y (d) el valor de los beneficios para la sociedad, e informar de los resultados a quien los va a utilizar.

8. Seleccionar métodos de modelado que hagan hincapié en los distintos tipos de factores causales y captura de los elementos de mayor relevancia para el tipo de proyecto de transporte que se considere y su contexto en la zona, reconociendo que las diversas respuestas económicas y los mecanismos asimilación de la tecnología puede ser de diferente importancia, dependiendo del tamaño del proyecto y la magnitud de la zona de estudio.

De métodos que se han utilizado para evaluar el impacto económico por el transporte público, y del análisis de estudios recientes destaca cinco partes - correspondiente a las tres formas principales del impacto económico en los negocios además de otras dos categorías de impactos-que representan tanto a los efectos no monetarios y las medidas alternativas de impacto económico que se superponen con medidas de impacto primarias.

• Impactos en los gastos

• Impactos por el mejoramiento en los viajes

• Impactos por el mejoramiento a los accesos

• Impactos no monetarios

• Otras medidas de Impacto Económico

En cada uno de estas categorías, hay otros subniveles de detalle de los impactos que se discuten en cada sección.

Efectos Indirectos e Inducidos

La inversión directa de capital y las operaciones de los servicios de transporte genera impactos en la economía que se dividen en dos clases:

1.- Efectos indirectos - La inversión directa por las compras de vehículos y equipo auxiliar, y las compras para las operaciones como combustible, neumáticos refacciones y otros incrementa las ventas y por lo tanto apoya el empleo y fomenta los negocios de proveedores de la industria.

2.- Efectos Inducidos – el impacto en la generación de empleos en la construcción de la infraestructura asa como el impacto en los proveedores de la construcción y servicios de ingeniería.

El cálculo de los impactos indirectos e inducidos se elaboran sobre la base de las tablas de entrada-salida (IO) del flujo contable. Estas matrices muestran el patrón de compras y ventas entre las industrias de la zona. Las tablas de base se construyen a nivel regional para reflejar patrones de compra en periodos antes y después del sistema de transporte.

Estas tablas regionalizadas, utilizan la información tanto en los insumos utilizados para producir ingresos ($) por la venta de productos para cada industria específica situadas dentro del área en estudio.

Los datos se utilizan para calcular el diferencial de daños o beneficios directos, indirectos e inducidos, en el empleo, el ingreso y la salida generada por cada ($) de gasto en distintos tipos de bienes y servicios en el área de estudio.

Mientras que los datos estadísticos generados por el INEGI son utilizados para estimar los impactos indirectos e inducidos del gasto de transporte público, son necesarios otros tipos datos para el modelo económicos para estudios de transporte, donde los cambios en las condiciones de viaje y / o el acceso al transporte conduce a cambios más amplios en los gastos en los hogares y empresas, en la productividad, en la competitividad y en el crecimiento de la producción.

Este tipo de datos fueron obtenidos de entrevistas y encuestas directas efectuadas por 25 alumnos de 8ª semestre de la carrera de Ingeniera en Transporte de la Unidad Académica Profesional Nezahualcóyotl de la Universidad Autónoma del Estado de México (UAEM), durante 2 años.

Ahorro de Tiempo y Costo de Viaje

Las mejoras en los servicios de transporte público da lugar a tres tipos de ahorro de tiempo de viaje:

1.- Ahorro de tiempo para los pasajeros del transporte debido a la mejora de los servicios como rutas más directas y servicios más frecuentes;

2.- Ahorro de tiempo para los pasajeros del transporte en zonas urbanas ya congestionadas, habilitados por el tránsito de autobuses o de tren rápido que funciona en carriles exclusivos evitando así la congestión de las vialidades;

3.- Ahorro de tiempo para los viajeros de automóviles y camiones de carga en las rutas congestionadas, que pueden viajar más rápido debido a un menor número de vehículos en la carretera ocasionado por usuarios de vehículos privados usan el transporte público.

Metodología. En el análisis de impacto económico, el tratamiento de estos ahorros de tiempo difiere dependiendo del propósito del viaje y del tipo de usuario (trabajadores, estudiantes o amas de casa).

Pago por puntualidad algunos viajes incluyen la puntualidad como parte de un trabajo. Se supone que "El tiempo es dinero", es decir, los empleadores o bien pagan o cobran directamente por los retrasos o entregas a tiempo, mediante propinas o sobresueldos al trabajador por el entregas a tiempo o asistencia de servicios de seguros, o de accidentes.

Los tiempos de viaje incluyen los trayectos entre el domicilio del trabajador y la oficina o la fábrica. Hay estudios relativos a la valoración y el tratamiento del ahorro de tiempo para usuarios del transporte, que se discute en Forkenbrock y Weisbrod (2001) y Litman (2008). También existe una línea de investigación (Madden, 1985 y Zax, 1991) que demuestra que las empresas en última instancia, terminan pagando una prima para atraer y mantener a los trabajadores en algunas partes de las zonas urbanas donde los costos de transporte a los empleados son más altos o más bajos y en su caso la empresa dispone de transporte para empleados. Estos sobrecostos impactan en las empresas por los retardos en el viaje, y puede ser tratado como un costo en la productividad del negocio.

Los viajes personales son los que se realizan para cualquier otro propósito como ahorro de tiempo de personal en turísticos o recreativos también tienen un claro valor en los viajeros, que ha sido establecido por las tarifas por pagar. Sin embargo, el ahorro en el tiempo del viaje, por lo general no afecta directamente el flujo de ingresos generados en la economía y por lo tanto no son incluidos en el análisis del impacto económico en esta investigación.

Finalmente, existe la posibilidad de que los viajeros perciben los viajes cualitativamente diferentes entre viajar en automóvil y transporte público y valorado por lo tanto diferente. Por ejemplo, el transporte público puede proporcionar un viaje de más valor en la medida en que los pasajeros pueden utilizar su tiempo de viaje por negocios o por otra actividad en forma productiva. Eso es más probable que se aplican en situaciones

Impacto Económico en los Negocios, Originado por el Sistema de Transporte Publico "Mexibus", en Cd. Nezahualcóyotl, Edo. de México

2013

donde los pasajeros tienen más comodidades en el autobús. Sin embargo, el transporte público también puede proporcionar una mala imagen de viaje si los pasajeros tienen que esperar a la intemperie y luego de pie en los vehículos llenos de gente y en mal estado. Dado que ambas situaciones se producen actualmente, no hay impactos en el tiempo de transporte público en comparación con el tiempo de viaje en automóviles privados, sin embargo, éstos podrían ser incluidos en los análisis de servicios específicos, tales como nuevas líneas exprés (transporte especial).

Las mejoras en los servicios de transporte público pueden mejorar la fiabilidad para los pasajeros de transporte público, y también para los vehículos y camiones, como consecuencia de retrasos relacionados con la congestión del tráfico.

Estos beneficios se producen porque la confiabilidad aumenta la seguridad del tráfico de peatones y vehiculares lo que disminuye las tasas de colisión y también dar lugar a una mayor seguridad de tráfico. La confiabilidad mejora el flujo vehicular y reduce demoras, incluyendo autos, camiones, conductores, peatones y del transporte público, y cómo consecuencia los problemas de tráfico afectan a la fiabilidad de los pasajeros y de las mercancías.

La razón por la fiabilidad destaca en el análisis del impacto económico porque los efectos directos sobre el tiempo promedio de viaje pueden afectar a los trabajadores, la productividad, la entrega de productos y servicios de logística de suministro y la accesibilidad al mercado a los trabajadores y a los clientes. Ocasiona retrasos en los tiempos de llegada de los trabajadores a su centro de labores y de los tiempos de llegada de los insumos de productos y servicios, afecta el tiempo de inventarios y de fabricación, requieren más tiempo de holgura en la carga y los procesos de programación de almacén, y puede reducir la productividad, pueden afectar directamente las estructuras de costos, y por lo tanto los precios.

Hay varias maneras de ver y evaluar el valor económico de ahorro de tiempo asociado con mejoras en la confiabilidad. Una es el reconocimiento de una valor adicional o la cuantificación del ahorro de tiempo de viaje para los pasajeros y de carga durante los períodos de congestión. Por ejemplo, algunos estudios han añadido una 50% superior al valor promedio de tiempo de retardo durante horas pico según la época.

Una manera más intuitiva para evaluar el valor de la confiabilidad es evaluar el costo de salir temprano para evitar llegar tarde o al menos prevenir contratiempos e incertidumbres causada por la congestión del tráfico.

Las mejoras en los servicios de transporte público dar lugar a tres tipos de ahorro de costos para los viajeros:

• Cambio en los gastos de viaje de los pasajeros de transporte público existentes - debido a los cambios en las estructuras de tarifas asociadas a los nuevos servicios;

• Cambio en el costo de viaje para aquellos que cambian de uso del automóvil al transporte público, debido a la diferencia entre la tarifa del transporte público y el uso vehículos privados, incluido el combustible, estacionamiento, peaje y los gastos de mantenimiento;

• Cambio en el costo de propiedad - la depreciación potencial adicional, el seguro, el mantenimiento y el ahorro de costos aplicables.

Una variedad de herramientas de análisis han sido proporcionadas por la FHWA, incluyendo STEAM, HERS y BCA_NET, se pueden utilizar para el cálculo de ahorros por el uso de transporte público.

Las mejoras en los servicios de transporte público puede mejorar la seguridad mediante la reducción de las colisiones y los costos asociados por los seguros, las pérdidas personales y los costos de respuesta a emergencias, así como atención médica y rehabilitación. El ahorro de costos se divide en cuatro clases:

• Reducción de accidentes en los que el cambio de vehículos personales al transporte público reduce los índices de accidentes significativamente.

• Reducción de accidentes relacionados con la congestión vehicular y de tráfico.

• Reducción de accidentes para los residentes - en la medida en que hay menos coches en la carretera disminuyen los accidentes para peatones y ciclistas.

• Reducción de costos por el control del tráfico y los servicios de emergencia.

El ahorro de costos asociados con el transporte público se calcula como la suma de dos elementos: (1) la diferencia en promedio de ocupación y las tasas de accidentes de vehículos de transporte público, autos y camiones, y (2) la diferencia en las tasas de accidentes para los vehículos de carga y de pasajeros.

De las encuestas realizadas se observa que las principales vialidades tienen una baja velocidad de circulación en horas pico, que es inferior al promedio oficial de 17 kilómetros por hora. Al no contar con un carril preferencial para el transporte publico, cada usuario pierde una cantidad de tiempo que al año representa sumas del orden de 26 mil pesos, aunque los automovilistas mejoran ligeramente los tiempos de traslado, también pierden al año hasta 20 mil pesos.

Capitulo IV Impacto Económico en los Negocios Generado por el Transporte

Cambios en la economía por el impacto en el costo

El Sistema de Transporte Publico Mexibús recorre las avenidas Chimalhuacán, Vicente Villada y Bordo de Xochiaca, en Ciudad Nezahualcóyotl, como se muestra en el mapa

Mapa del recorrido del MEXIBUS

Impacto Económico en los Negocios, Originado por el Sistema de Transporte Publico "Mexibus", en Cd. Nezahualcóyotl, Edo. de México

2013

En la zona próximamente se termina la construcción del Distribuidor Vial Bordo de Xochiaca, que conectará al Peñón, Bordo de Xochiaca y Carmelo Pérez, en Nezahualcóyotl y que se integrara al sistema de transporte MEXIBUS terminado en 2013.

El Mexibús contará con 25 estaciones, 2 terminales, patios y talleres, según la licitación pública 44937003-001-10 emitida por la Secretaría de Comunicaciones estatal el 20 de octubre de 2010.

El carril confinado tendrá 14.75 kilómetros por sentido y se estima que esta ruta tenga una afluencia de más de 260 mil pasajeros al día. La empresa operadora obtendrá una concesión de 25 años.

Iniciará operaciones con 85 autobuses articulados con capacidad para 160 pasajeros, y 101 autobuses con capacidad de hasta 108 pasajeros como se muestra en las fotos.

UNIDAD PARA EL MEXIBUS NEZA-CHIMALHUACÁN

El 10 de diciembre de 2010 se emitió el fallo de la licitación y, de acuerdo con una ficha técnica de la Junta de Caminos del Edomex, la empresa Cemex se encargó de construir el carril confinado en Nezahualcóyotl (el carril confinado) tendrá una longitud de 9.5 kilómetros y 16 estaciones, empezara a operar el mes de junio del 2013, a la fecha se realizan pruebas preoperatorias, sistemas de prepago y para los primeros días del mes de junio o julio arrancara el servicio del Mexibús; por lo cual las autoridades estatales ya mantienen pláticas con los líderes de 39 líneas del transporte para que compren las unidades y se integren al sistema en rutas alimentadoras para las estaciones.

De igual forma los transportistas que ya prestaban el servicio de transporte habrán de constituir una empresa, en la cual serán tomados en cuenta y así evitar la desaparición de las líneas ya constituidas, el costo de este proyecto de transporte fue de 500 millones de pesos en infraestructura, aparte el costo de las unidades de Transporte Masivo que tendrá una capacidad para poder mover por lo menos 200 mil personas al día.

Se integraran al sistema los actuales prestadores del servicio de transporte y no habrá despidos ni quedaran fuera del programa, sólo tendrán que ajustarse a la nueva modernidad y a un nuevo plan de trabajo; no es posible seguir con tantas combis o unidades circulando por una vialidad rápida como es la avenida Chimalhuacán o el Bordo de Xochiaca, sin embargo al paso del tiempo las mismas unidades habrán de ir desapareciendo al no ser requeridas por los mismos usuarios porque la gente se acostumbrará al servicio del MEXIBUS.

En entrevista al representante de la Coordinación de Organizaciones para el Mejoramiento del Transporte en el Estado de México (COMTREM) Heriberto Oviedo Don Juan, aseguró que han comenzado a constituir una empresa conformada por los transportistas, a fin de que todos puedan tener voz y voto en este proyecto que habrá de beneficiar a la población de los dos municipios del oriente del Estado de México.

El Mexibús que presta servicios del metro Pantitlán al municipio de Chimalhuacán, pasando por Nezahualcóyotl, tendrá sus unidades exclusivas para mujeres para impulsar el transporte rosa en la zona oriente del estado de México, aseguró el director de la empresa Transred, Vicente Aguirre Saavedra.

Aguirre Saavedra señaló que Transred, empresa concesionaria en su primera etapa contara con 58 unidades y trasladará en promedio a 130 mil pasajeros diarios.

El líder transportista que representa a 22 empresas concesionarias, explicó que ya están terminadas las 29 estaciones que comprenden los 16.5 kilómetros de trayecto del carril confinado y que están listas las 58 unidades articuladas que prestarán el servicio en una primera etapa, la tarifa establecida del servicio del Mexibús tendrá un costo de siete pesos por viaje.

La implementación del sistema de transporte publico Mexibús ha propiciado y en el futuro propiciara múltiples cambios en la estructura económica de los negocios establecidos a lo largo del corredor.

El Mexibús circula sobre tres avenidas en la parte correspondiente al municipio de Nezahualcóyotl que son: Av. Bordo de Xochiaca, Av. Gral. Vicente Villada y Av. Chimalhuacán, siendo esta última la que concentra un mayor tramo y cuenta con once estaciones a lo largo de la vialidad. La Av. Gral. Vicente Villada cuenta con tres estaciones y la Av. Bordo de Xochiaca con dos estaciones.

La Av. Bordo de Xochiaca es la vialidad menos afectada por la incorporación del sistema de transporte publico, debido a que el Mexibús recorre dos kilómetros a lo largo de esta avenida (distancia en la que se encuentran solo dos estaciones: Las Torres y Bordo de Xochiaca). Por otra parte la Av. Bordo de Xochiaca es una de las vialidades con menos variedad de negocios establecidos a lo largo de la avenida, en el tramo desde la Av. Gral. Vicente Villada hasta la Avenida del Canal en donde comienza el municipio de Chimalhuacán, en la parte norte de la avenida, el cuerpo que concentra la principal circulación en dirección a Pantitlán, no se encuentran edificaciones destinadas al uso comercial ni al uso habitacional, en su lugar se encuentra uno de los basureros a punto de clausurarse, los vehículos que transitan por este tramo no tienen por qué detenerse. En lo correspondiente al tramo sur este concentra la circulación en dirección a la Av. Chimalhuacán, encontramos edificaciones destinadas a uso habitacional a lo largo del tramo, los comercios establecidos en este tramo de la avenida son micronegocios y se han enfocado a atender a las personas que viven en los alrededores de la zona. Entre estos comercios encontramos tiendas de barrio, bares y dos tiendas de conveniencia.

Es preciso hacer notar que la concentración de negocios a lo largo de la Av. Bordo de Xochiaca comienza a partir de la intersección con la Av. Adolfo López Mateos y de ahí hasta el cruce con Calle 7 (Periférico) lugar donde finaliza tanto la avenida como el municipio de Nezahualcóyotl, es en este tramo donde la densidad de negocios es tan elevada que hasta en las zonas destinadas para los camellones de la avenida se han establecido, van desde ligas de futbol soccer, futbol rápido, escuelas, carpinterías, venta de accesorios para autos, venta de comida rápida, bases de rutas de transporte público como microbuses, hasta instalaciones gubernamentales como las de ODAPAS y de la policía municipal.

Las dos avenidas restantes sobre las cuales circula el Mexibús presentan características muy distintas a las encontradas en la Av. Bordo de Xochiaca, principalmente porque la es una vialidad que recorre los límites del municipio y es la línea divisora con otros municipios del Estado de México y otras delegaciones del Distrito Federal. Caso contrario de la Avenida Gral. Vicente Villada que recorre todo el municipio de Nezahualcóyotl de Norte a Sur y de Sur a Norte por la Av. Chimalhuacán que recorre todo el municipio de Este a Oeste y de Oeste a Este en doble circulación.

El tránsito vehicular presentado sobre la avenida Bordo de Xochiaca en el segmento destinado para la incorporación del sistema de transporte Mexibús no se compara con los niveles de tránsito de las dos avenidas restantes.

El impacto económico en los negocios de la Av. Gral. Vicente Villada que inicia en la intersección con la Av. Texcoco y termina en el cruce con la Av. Bordo de Xochiaca en el municipio de Nezahualcóyotl en la colonia Benito Juárez.

Primero esta Av. cuenta con tres estaciones para el transbordo de personas que va desde la Av. Gral. Vicente Villada que son Rancho Grande, Las Mañanitas y Rayito de Sol, su implementación ha provocado un mayor impacto que las estaciones colocadas sobre la Av. Bordo de Xochiaca debido al número de vehículos que circulan sobre la Av. Gral. Vicente Villada. La cantidad de vehículos transitando sobre la Av. Gral. Vicente

Villada es superior a la de la Av. Bordo de Xochiaca, esto provoca numerosos congestionamientos vehiculares ya que además de contar con un mayor tránsito, se han colocado dispositivos electrónicos de control de tránsito (semáforos), en intersecciones que antes de la implementación del sistema de transporte no eran semaforizadas. Esto incrementa de manera notable los tiempos de recorrido por los vehículos particulares. Estos incrementos de tiempo de recorrido han sido provocados con la finalidad de desincentivar el uso de vehículos particulares y usar el transporte público.

Ante la reducción de carriles para la circulación de vehículos particulares se han suscitado situaciones negativas ya que son menos los carriles destinados para la circulación de todo tipo de vehículos por la confinación del carril para el transporte público y la imposibilidad de usar los carriles extremos para el estacionamiento de vehículos particulares provoca la subutilización de los carriles de concreto hidráulico confinados para el paso de las unidades de transportación masiva, ya sea utilizándolos para la circulación de vehículos particulares y de servicio de transporte público cuando se generan congestionamientos invadiendo el carril confinado, o también como estacionamiento de vehículos particulares, principalmente a las afueras de negocios como centros nocturnos, bares y discotecas que presentan una fuerte demanda a partir de las 7 de la noche y hasta la madrugada del día siguiente.

Los resultados del impacto económico en los negocios son distintos según el giro y la magnitud de los comercios. el hecho de que ningún auto pueda estacionarse en los carriles extremos de la vialidad, afecta a los negocios que utilizan la vía pública como patio de trabajo, como los talleres mecánicos, los talleres de instalación de equipo de audio, los talleres de hojalatería y modificación de autopartes, las vulcanizadoras, así como a todos los establecimiento comerciales que se dedican al giro restaurantero y que no cuentan con su propio estacionamiento, además de pernocta de tractocamiones y remolques de carga generando hasta dobles filas de vehículos estacionados sobre la vía pública, principalmente a partir de las 6 de la tarde. Estos establecimientos han optado por varias opciones entre las que resaltan cambiar la ubicación de sus instalaciones a otros domicilios en calles aledañas.

Los negocios con menos demanda y de menos ingresos optaron por cerrar sus instalaciones (51), aunque hubo varios casos de propietarios que decidieron cambiar de giro (45), siendo las tiendas de conveniencia (generalmente de la cadena OXXO) las opciones más rentables elegidas, cada vez es más la transformación de negocios misceláneos en sucursales de esta cadena comercial en el municipio de Nezahualcóyotl, han tenido una gran aceptación por la mayoría de los habitantes por el servicio y el horario de servicio; a diferencia de las clásicas vinaterías en donde los productos incrementan su precios si se compran en un horario nocturno, la mayoría de las nuevas sucursales de esta cadena de tiendas de conveniencia se han establecido a lo largo del corredor de transporte publico Mexibus ya que este funcionará veinte de las veinticuatro horas del día, es notable que las tiendas de conveniencia como negocios pequeños y medianos entre los que resaltan supermercados, restaurantes, panaderías y pastelerías, farmacias, gimnasios y bares resultan ser los más beneficiados con la implementación del transporte público Mexibus, particularmente por las estaciones del sistema y que a la fecha incrementaron sus actividades comerciales en un 13%, los negocios que se encuentran colocados a las afueras de las estaciones del sistema de transporte público, sirven de punto de referencia y de encuentro para los usuarios. Por ejemplo, algún usuario se queda de ver con su colega en la estación X, su colega le pregunta si es en esa estación donde se encuentra tal establecimiento. De esta manera, se crea un vínculo referencial particular con los negocios que se encuentran fuera de las estaciones del sistema de transporte, tal vínculo beneficia a los pequeños negocios de comida que típicamente se establecen en las esquinas de las vialidades sobre las banquetas, los usuarios los utilizan como puntos de consumo o de encuentro, "Me como algo en lo que llegas", o "Pido algo para llevar en lo que llegas", la impuntualidad del usuario genera tiempos de espera que incrementa el consumo en los negocios de la misma forma son las condiciones en la avenida Chimalhuacán, el impacto económico se ve multiplicado en esta vía ya que el sistema de transporte Mexibus tiene cuatro kilómetros desde la intersección con la Av. Gral. Vicente Villada hasta el cruce con la Av. Calle 7 (Prolongación Periférico). En este tramo la Av. Chimalhuacán tiene once de las veintinueve estaciones que componen el sistema de transporte Mexibus incluida la estación Palacio Municipal, ubicada frente al Ayuntamiento del municipio de Nezahualcóyotl.

A la fecha no se ha definido la prohibición de manera definitiva de la circulación de las unidades de transporte público tradicionales (combis etc.) sobre las avenidas Gral. Vicente Villada y Chimalhuacán de lo que depende la permanencia de muchos negocios (53) así como la decisión para la formación de un Centro de Transferencia Modal (CETRAM) en la intersección de estas dos avenidas, la construcción de un CETRAM en la intersección de las avenidas Vicente Villada y Chimalhuacán, provocará un impacto económico en los negocios cercanos a la ruta del Mexibus, el CETRAM concentrará rutas de autotransporte público que circularán a lo largo del segmento restante de las avenidas Vicente Villada y Chimalhuacán que no son servidos por el Mexibus.

Los impactos relacionados con los viajes incluyendo el tiempo de viaje, fiabilidad, costo y seguridad, Algunos de los impactos relacionados con los viajes se traducen directamente en impactos económicos por el ahorro en el costo a los usuarios. Otros impactos por el viaje conduce a impactos económicos a través de factores adicionales como los efectos de fiabilidad a los trabajadores y la productividad del negocio. Ambos tipos también dar lugar a cambios en los patrones de compra, de viaje y las decisiones de expansión de negocios.

En conjunto, es importante entender la contabilidad impacta a la economía, es una manera de ver y medir los efectos de la inversión en transporte público.

El impacto da lugar a cinco categorías de efecto directo:

• Ahorros en el costo de vida, dando lugar a mayores impactos en los patrones de compra de los consumidores;

• Los beneficios en la productividad por ahorros en los costos de entrega, debido a la reducción de la congestión, que puede conducir a la expansión del negocio;

• Beneficios de productividad en los negocios por el tiempo de llegada puntual de empleados, También aumentar la competitividad y expansión de los negocios;

• Efectos indirectos, como el crecimiento de las ventas y por pedidos adicionales a sus proveedores (que conduce al crecimiento de las empresas);

• Efectos inducidos, como la contratación de más trabajadores lo que genera una nómina más grande.

Es importante señalar que las medidas de impacto en el desarrollo económico son especialmente sensibles en el área en estudio. A menudo, el aumento en empleos e ingresos en un área determinada no se deben a la mejora del transporte público sino se debe a los cambios en la actividad en otros lugares. Sin embargo, suele haber algún beneficio subyacente en la productividad como consecuencia de los cambios que se producen en otra actividad. Por lo que un cambio en la actividad económica de la zona, puede ser bastante buena para un área local, pero aparece menos atractiva cuando se observa en un área más amplia.

Las herramientas y los métodos de costo de respuesta son:

• El modelo REMI, que surgió en la década de 1990 como una herramienta para el análisis del impacto económico, se estima que las industrias crecen en respuesta a cambios en los costos de transporte generalizadas. Se ha utilizado para una variedad de estudios de impacto por la apertura de carreteras, así como de varios estudios sobre el impacto económico de la inversión en el transporte público. Estos incluyen: Filadelfia SEPTA (Urban Institute and Cambridge Systematic, 1991), Rochester Light Rail (Wilbur Smith Associate, 1998), Hartford, CT (Carstensen, 2001) y Los Ángeles MTA inversiones (Cambridge Sistematics, and EDR Group, 2001).

• La nueva generación del modelo TREDIS se inició en 2006 como un sistema de análisis multimodal con características que responden a las diferencias entre autobuses, trenes y automóviles y la fiabilidad y costos de gastos de traslados, así como el impacto diferenciado de las carreteras y el transporte público sobre el acceso a los mercados y la productividad de los trabajadores. Desde entonces ha sido utilizado el sistema multimodal de transporte para estudios de impacto económico en Portland Metro, OR (EDR Group, 2006) y Chicago, IL ("Chicago Metrópolis 2020", 2007), estudios de impacto de pasajeros por ferrocarril en California (Cambridge Syistematics, 2007) y para pasajeros en ferrocarril en Massachusetts (Massachusetts EOT, 2009). También se está usando en Canadá para una serie de estudios de impacto económico por el uso autobús y ferrocarril en Toronto y Durham, Ontario.

Qué es el Análisis de Impacto Económic

En el contexto de la planificación del transporte y la política, el análisis del impacto económico (AIE) analiza cómo un programa o proyecto afecta a la economía de una zona determinada.

El área de impacto económico puede ser tan pequeño como un vecindario o tan grande como la nación, en función de la escala del programa o proyecto o entre naciones como es el caso del Intermodalismo internacional. El impacto económico puede ser medido en términos del cambio en la demanda de ubicaciones o del origen y del destino, como se refleja en el aumento o en la disminución del valor de las propiedades, el aumento de la inversión en nuevas construcción como terminales o en las actividades y en la migración o aumento de la población y en la densidad poblacional a nivel regional, estatal o internacional, las medidas de los impactos económicos en términos de cambios en la producción comercial o en el producto interno bruto (PIB) y los cambios asociados en el empleo y en los ingresos salariales.

Diferencia en las definiciones

Dentro del amplio campo de la investigación del transporte el análisis del impacto económico como consecuencia del transporte, existen conceptos superpuestos de (a) el valor económico de los ingresos netos del proyecto y sus beneficios, y (b) el efecto de un programa de transporte o proyecto sobre el desarrollo económico y el crecimiento de una región (también referido como el impacto en el desarrollo económico).

El valor económico de los beneficios puede ser presentado sólo en términos de "usuarios beneficiados o en términos de beneficios más amplios "beneficios sociales" (también denominados "beneficios sociales"). De cualquier manera, algunos beneficios reflejan cambios monetarios reales de costos o ingresos, mientras que otros sociales tienen un valor para la gente, incluyendo el tiempo de viaje y sus beneficios, los beneficios en la seguridad, los beneficios ambientales de calidad, y el aumento de las opciones de mantenimiento en los orígenes o en los destinos y de los tiempos de desplazamiento.

Por el contrario, los efectos económicos se refieren más estrictamente a los efectos sobre la actividad económica en una región dada, tal como se refleja por un cambio en el flujo de dinero (flujos de efectivo, PIB o la renta generada en la región). Se pueden presentar como "los impactos económicos directos" sobre los costos y los ingresos, o en términos más amplio "impactos económico".

El análisis del impacto económico (AIE) también refleja el impacto de los cambios en la productividad de las empresas que resultan cuando se mejora el transporte y el acceso al mercado de trabajo, a las empresas y otros factores que tienden a ser ignorados en el tradicional análisis de costos-beneficio (ACB).

Si bien estos impactos en la productividad, teóricamente, pueden ser incluidos en el ACB, así, en la práctica, rara vez se les incluye. La necesidad de reconocer estos beneficios en la productividad y en las políticas sobre el transporte y la toma de decisiones, lo anterior se dejó en claro en una amplia discusión sobre la difusión de las deficiencias de ACB que está contenida en: United Kingdom´s Eddington Transport Study (2006).

El informe identifica siete indicadores mediante los cuales se impulsa el rendimiento económico y que están más allá de los parámetros de costo-beneficio y que debe ser incluido en el análisis del impacto económico en los negocios ocasionado por el transporte. Estas se resumen como:

• El incremento de la eficiencia de los negocios a través del ahorro de tiempo y mejorar la fiabilidad para los viajeros de negocios, transporte y operaciones logísticas;

• El incremento de las inversiones en las empresarial y la innovación mediante el apoyo a economías de escala o nuevas formas de trabajo;

• Apoyo a los centros de distribución y clusters de las actividades económicas;

• Mejorar la eficiencia y la funcionalidad de mercados de trabajo, mano de obra más flexible y la accesibilidad a los puestos de trabajo;

• La creciente competencia por la apertura del acceso a nuevos mercados;

• Aumento del comercio nacional e internacional mediante la reducción de los costos;

• Atraer la actividad global y la movilidad de las mercancías mediante ambientes de negocios más atractivos y la mejora en la calidad de vida.

El informe llega a la conclusión de que lo anterior es lo más adecuado para el uso en la evaluación del impacto en los negocios originada por el transporte y muestra la forma en que puede ser utilizada para evaluar una amplia gama de proyectos a través de los distintos modos y con fines de inversión. Las recomendaciones del informe son usadas en la actualidad en el Reino Unido y han recibido atención por profesionales del transporte en los EE.UU., este informe tiene por objeto ayudar a evaluar el impacto económico en los negocios originado por el transporte público.

Generadores de Impacto Económico.

Clasificación. El transporte público y el gasto de inversión conducen a impactos en la economía global como consecuencia de tres procesos:

• El gasto genera puestos de trabajo e ingresos a través de los salarios de los trabajadores y el gasto en los pedidos de materiales y servicios que se necesitan para construir y desarrollar los servicios de transporte, y proporcionar su servicio.

• Impactos de viajeros asociados a una mejora en el transporte público su servicio o el aumento de la disponibilidad pueden incluir ahorros en tiempo de viaje, ahorros en gastos de viaje, y ahorro en costos de accidentes. Los ahorros de costos de viajes para los pasajeros del transporte público pueden incluir ahorros en los peajes o tarifas, y ahorros en los costos de los vehículos, en el gasto de combustible y en estacionamientos, en la reducción en el número de vehículos personales.

El ahorro de costos para los viajeros de automóviles particulares puede incluir menos retenciones de tráfico, las mejoras en los accesos a las vialidades de transito están relacionadas con los viajes, aunque en la práctica por lo general se calcula como repercusiones del desarrollo económico.

• Los impactos del desarrollo económico incluyen el aumento de puestos de trabajo y de ingresos, resultante del crecimiento de la actividad en los proveedores de bienes y servicios para servir a la expansión del transporte público, instalaciones, vehículos y otros equipos, y a las operaciones en expansión de servicios de transporte público, en la reducción en la congestión vial y un mayor acceso al empleo, la educación, atención a la salud y en oportunidades de compra. Se ha prestado especial cuidado a los efectos sobre la productividad de las empresas generado por factores tales como un mayor número de clientes, un mejor acceso a una mayor diversidad de competencias del mercado laboral y la aglomeración empresarial (cluster) y las economías asociadas con un mayor acceso al transporte público.

Todos estos elementos sobre el impacto económico también se pueden clasificar en dos clases: "generativos" y "distributivos".

• Impactos económicos generativos, representados por la productividad empresarial y sus ganancias debidas a una combinación de: (1) los beneficios en los viajeros - como el ahorro de tiempo y gastos, y (2) los beneficios externos que afectan a la productividad de las empresas y al aumentó de accesos a mercados más amplia de trabajo, las llegadas a tiempo de trabajadores más confiables o mayor desarrollo. Cualquiera o todos estos impactos generativos puede, a su vez afectar la inversión y a los niveles de ingresos.

• Impactos económicos redistributivos, incluyen los efectos redistributivos de las variaciones espaciales en la propiedad de la tierra (sin contar los efectos de los cambios de densidad), los cambios espaciales en patrones como la ubicación de la empresa, así como cualesquiera de los cambios resultantes en la actividad comercial entre industrias o de los ingresos entre los grupos de población.

Si bien ambos tipos de impacto puede conducir al crecimiento económico en un área de estudio determinada, sólo los impactos generativos permanecen cuando los impactos económicos son vistos desde una perspectiva nacional o global.

Finalmente, hay otros indicadores económicos que se ven afectados como resultado del desarrollo económico. Se incluyen los valores de la propiedad de la tierra, el uso del suelo, los ingresos fiscales y los ingresos por tenencia de la tierra.

Impactos por Accesos a Mercados

Las mejoras en los servicios de transporte público da lugar al desarrollo económico y a cambios en la productividad como consecuencia de la ampliación o mejoramiento de la infraestructura y por la reducción de la congestión vehicular, se puede incluir:

• La movilidad y el acceso a mercados - los beneficios en la productividad en los negocios por el acceso a mercados laborales más amplios y con personal capacitado y con mejores habilidades amplia clientes y mercados;

• Los bloques comerciales se benefician de una mejor productividad por tener acceso a empresas con actividades similares y complementarias, permitido por los servicios de transporte público y sus servicios; También dar lugar a efectos más indirectos e inducidos y por beneficios asociados a la productividad y el costo.

Movilidad y Acceso a Mercados, Además del ahorro de tiempo y costos de los vehículos, el transporte público proporciona beneficios de movilidad en términos de accesos al trabajo, la escuela, la salud y los destinos de compra. Estos impactos han sido discutidos en un variedad de estudios que van desde los servicios de transporte en zonas rurales (Burkhardt, 1999) los costos de la movilidad para la salud (Crain et al, 1999). En el modelado del contexto económico, el trabajo y los beneficios comerciales por el acceso a mercados, lo que se traduce en aumento de la productividad para el negocio. Esto tiene dos formas:

(1) La productividad del trabajador por el acceso a un trabajo más remunerado y diversos mercados laborales, y (2)   la economías de escala que permite el acceso a un mercado de clientes más amplia.

El impacto en el mercado de trabajo puede ser especialmente notable, y está respaldado por encuestas de transporte de pasajeros, que miden el número de personas que utilizan el transporte para viajar a los lugares de trabajo que de otro modo no podría tener acceso. El papel del transporte público en el acceso a la ampliación de mercados de trabajo era también se reconoce en el estudio de APTA (Cambridge Systematics y el Grupo EDR, 1999) y en los reportes en el Reino Unido (Eddington, 2006).

Un primer trabajo pionero para el analizar el impacto en los negocios por el transporte público sobre el acceso al mercado de trabajo, fue un estudio de SEPTA Filadelfia (Urban Institute and Cambridge Systemátics, 1991). Este estudio examina el efecto de reducir los viajes para el movimiento de trabajadores en el centro de Filadelfia a través del río a Nueva Jersey. Un trabajo adicional sobre el impacto en los negocios se presenta en NCHRP 463 (Weisbrod et al, 2001) también muestra a diferentes grupos por ocupación en diferentes distancias para ir a trabajar mediante patrones de viaje diferentes, a su vez, la reducción en la congestión del tráfico y de las políticas de transporte público para patrones diferentes del impacto del transporte ferroviario sobre el trabajo en los mercados de California (2007), Ontario y Massachusetts (2009) también han tenido efecto en los negocios por el transporte público con énfasis en los mercados laborales en expansión que permiten el crecimiento del negocio.

A menudo hay diferencias en el acceso al transporte debido a: discapacidad, género, origen étnico, y los subgrupos de la educación, la demográfica muestra que los grupos más dependientes del transporte público son los jóvenes, las mujeres, los ancianos, y personas de bajos ingresos. La falta de movilidad de las personas tiene más consecuencias económicas que pueden ser estimados. Estos incluyen los costos del desempleo, reducción de ingresos y el aumento de los gastos médicos. En la zona en estudio., más de la mitad los hogares no tienen acceso a un coche, aunque la parte se eleva a más del cincuenta por ciento de los hogares de bajos ingresos, como se cita en las Estadísticas de Transporte, 2012).

En términos más generales, los beneficios de la movilidad se definen como "los beneficios de los viajes de tránsito que no se harían sin la disponibilidad de transporte público"(ECONorthwest, 2002). FTA New Starts Criteria define el mejoramiento de la movilidad en términos del número de usuarios del transporte público y el valor de los beneficios que se ganan por pasajero-kilometro (FTA, 2007). Para cuantificar el valor de acceso a un puesto de trabajo, el valor de perder un empleo o viaje de negocios puede ser estimado en términos del valor agregado a las familias y a las empresas afectadas.

Dentro del contexto de los estudios de costo-beneficio, es posible calcular una valoración económica de la mejora de la movilidad por el transporte público, para ir de compras y otras clases de viajes que no sean de negocios. Por ejemplo, en el caso de las necesidades médicas, el costo de una emergencia, de la atención a un paciente, puede ser utilizado como una métrica por evaluar el impacto económico. Los estudios también han estimado el valor de un viaje de compras que se perdió con un promedio de $ 7.00 por viaje y una recreación perdida o un viaje personal que llega a costar $20.00. La combinación de estas estimaciones se ofrece como una estimación del valor total del costo de la movilidad de una persona. Teniendo en cuenta el número de usuarios que integran esta categoría puede ofrecer un valor agregado para los beneficiarios de una mejor movilidad (Crain et al, 1999).

Es importante tener en cuenta, que la valoración personal de una llamada de antemano perdida o viaje puede tener diferentes impactos en el flujo de ingresos y en la generación de empleos en la zona, así el transporte público apoya el crecimiento económico a través de la concentración de la actividad económica y la agrupación urbana y otros usos del suelo alrededor de las paradas y de las terminales de transferencia del transporte público.

Economía en las concentraciones urbanas, el transporte público apoya el crecimiento económico a través de la concentración de las actividades económicas y la concentración de oficinas, centros comerciales, centros de entretenimiento y otros usos de la tierra en la zona de influencia del transporte público, las actividad de la comunidad podrá prever una mayor eficiencia a través de la reducción de costos, de la mejora de las comunicaciones, de menores costos de la infraestructura, y el aumento de la interacción con empresas similares.

La concentración ofrece una oportunidad para obtener más accesos a mercados y a mano de obra especializada, que se traducen en una mayor productividad y el crecimiento económico. La relación entre las economías en las zonas urbanas se analiza en Weisbrod et al (2001), Graham (2005), Eddington (2006), y la OCDE (2007).

La relación entre el servicio de transporte público y la densidad empresarial es ampliamente reconocida. Las ubicaciones de los edificios corporativos, a menudo centrado en servicios financieros y sectores empresariales relacionados con los servicios, por lo general coincide con la ubicación de la mayor disponibilidad del transporte público y su uso. Mientras que la dirección de la causalidad puede ser discutida, la relación es clara.

De hecho, muchas grandes ciudades no cuentan con capacidad suficiente para estacionamientos e infraestructura para dar cabida a su centro de fuerza de trabajo, de comercio y educativa, sin el uso del transporte púbico. De la misma manera, el transporte público puede facilitar los vínculos económicos entre las organizaciones, el gobierno organismos e instituciones de capacitación de trabajadores, facilitándoles el acceso al trabajo y oportunidades de negocio mediante redes y proveedores de servicio de transporte.

Las concentraciones urbanas ayudan a integrar patrones compactos de desarrollo o de consumidores que utiliza más eficientemente la infraestructura urbana como paraderos centros de distribución etc. para simplificar la movilidad y atender nuevos desafíos.

Tanto empresas como empleados y consumidores son atraídos a la región, que soportan el crecimiento y el desarrollo así los beneficios de las concentraciones urbanas suelen ser capitalizadas por el incremento en el valor de la tierra y de los alquileres por el acceso a los servicios de transporte público.

Los métodos utilizados para evaluar los impactos del transporte público en los negocios en las economías con altas concentraciones urbanas utilizan técnicas de regresión. Estas técnicas se relacionan con el empleo, los ingresos, tamaño del mercado, nivel de vida o con medidas de productividad. El tamaño efectivo de los mercados a menudo se mide como la población que vive dentro de un radio de viaje de 45 minutos de un centro de comercial, educativo o industrial.

Una variedad de estudios en el Reino Unido han determinado las medidas de os efectos de concentraciones urbanas (por ejemplo, Graham, 2005), y estudios paralelos fueron desarrollados en los Estudios Unidos para centros urbanos más pequeños (por ejemplo, Comings and Weisbrod, 2007).

El sistema TREDIS incorpora este tipo de regresión (que incluye el acceso a mercados laborales y el impacto en las concentraciones urbanas) para calcular los efectos económicos de las mejoras por el transporte público a través de Canadá y los EE.UU. incluyendo estudios en Chicago, Portland, OR y Boston ("Chicago Metrópolis 2020", 2007; EDR Group, 2006, 2009).

Impactos en el Desarrollo Económico por el Transporte

Una amplia gama de estudios de impacto económico han estimado el impacto económico de las alternativas de transporte público. Estos estudios se han hecho basándose en los modelos económicos regionales de estimar los impactos de las mejoras del transporte público en los tiempos de viaje y los costos de mano de obra, el acceso a mercados empresariales. Al hacerlo, se ha demostrado la magnitud sustancial del impacto que el transporte público potencialmente pueden tener sobre las economías regionales, y ha proporcionado una base para los métodos de análisis generales usados en esta investigación.

Impactos no monetarios, si bien este informe se centra específicamente en los impactos sobre la economía, también es útil reconocer beneficios más amplios que pueden ser valorados en términos monetarios, y que no afecta directamente el crecimiento de los ingresos o la productividad en la economía.

Opción de valor, definición. La opción del valor del transporte público es el valor de no usar el transporte y utilizar otro modo de viaje, tales como caminar, andar en bicicleta y transporte compartido al que se puede asignar valor. Sin embargo, el valor de la opción se suele medir por la necesidad ocasional que los usuarios de automóviles tienen para el transporte público. El valor de tener una opción adicional para viajar depende de una variedad de circunstancias, tales como: las condiciones climáticas extremas, las carreteras congestionadas, las incidencias, el elevado costo de los precios del combustible o los costos de estacionamiento, o discapacidad y limitaciones financieras.

Los principales desafíos son la estimación de los gastos de viaje y el número veces que se usara el transporte público. A pesar de la potencial varianza en las estimaciones, la estimación del valor es un importante beneficio para ser incluido como una decisión bajo ciertas condiciones.

Beneficios ambientales, el beneficio más citado es el beneficio ambiental debido al incremento del transporte público y al impacto en la calidad del aire, que contribuye a una amplia variedad de problemas de salud, como enfermedades respiratorias y daños en los pulmones. Aumento de niveles de ozono que dañan las plantas, árboles y cultivos. Mejorar el medio ambiente en una región puede ayudar a que las empresas apoyen sistemas de transporte protejan el medio ambiente. La atención reciente se ha centrado principalmente en los gases de efecto invernadero como el dióxido de carbono, además de la limpieza del aire y la reducción de contaminantes.

Métodos de medición y Hallazgos, una comparación de los métodos usados en Estados Unidos y Europa para evaluar el impacto ambiental y de salud se presenta en el estudio de NCHRP estudio sobre el impacto no monetario de difícil cuantificación (EDR Group, 2007).

Al estimar el valor de la reducción de emisiones a la atmósfera, los valores monetario se asignan a cada tipo de criterios de contaminación (por ejemplo, SOx, NOx, CO, partículas en suspensión) de acuerdo a los permisos y modelos de subsidios negociables como los bonos de carbono, las metodologías proporcionan un valor monetario específico por la reducción de la contaminación sobre la base de los precios actuales, aunque el impacto exacto sobre el medio ambiente no puede ser del todo conocido. Incluso una evaluación precisa de los beneficios ambientales del transporte público puede requerir una combinación de estimaciones científicas.

Otras medidas de impacto económico, plusvalía de la tierra y valor de la propiedad, el aumento del valor de la propiedad cercana a una terminal o base de transporte público representa esencialmente una capitalización de los ahorros de costos de acceso y tiempo de viaje asociados a esos lugares.

La inclusión de este valor en un estudio de impacto económico sería considerada un "doble conteo", ya que el valor de la tierra ya está incluido en los estudios de costo-beneficio. Sin embargo, esta forma de análisis es útil tanto porque demuestra el carácter local de algunos de los impactos del transporte público, y porque sirve para confirmar el valor del transporte público en el mercado inmobiliario. También nos ayuda a entender cómo el transporte público dar forma a los cambios del uso de la tierra.

La agrupación urbana a menudo se produce cerca de las estaciones y terminales de transporte público debido al acceso a las redes de transporte en la cuidad. Sin embargo, la influencia del transporte público en el desarrollo local y el valor en última instancia del suelo tiene que ser examinada en el contexto de otras influencias importantes que pueden tener un fuerte impacto en función de las condiciones actuales (valor catastral etc.).

Los estudios de mercado, las comparaciones directas de propiedad y los modelos de regresión se ajustan por la ubicación y la influencia del transporte, son métodos útiles para determinar el valor de la tierra circundante. TCRP Report 35 (Cambridge Systematics, 1998) proporciona métodos para calcular el impacto del valor del suelo en el contexto de la accesibilidad y la aglomeración. TCRP Report 102 (Cervero et al, 2004) ofrece numerosos estudios de caso del impacto del transporte público sobre los valores de la tierra y alrededores. Algunos ejemplos ilustrativos de estos estudios se muestran a continuación:

Ejemplos de impactos del valor del suelo:

Métodos de medición y Hallazgos

• Un estudio estadístico de los valores de las propiedades residenciales examinó cómo las propiedades variaron dentro de un radio de 2 kilómetros. Se encontró que cada metro más cerca de una red de transporte publico aumento el valor promedio de la propiedad en un 30%.

• Estudios de más de dos décadas muestran promedio de incrementos al valor de la vivienda asociada con el transporte, por encontrarse cerca de una estación dentro de 1 kilómetro son un 10% más alto en la zona en estudio con variaciones en los municipios vecinos.

• Un estudio detallado realizado por investigadores de la Universidad Autónoma del Estado de México (UAEM) en 2010 indicó que la proximidad a una estación de transporte o al metro en el Municipio de Nezahualcóyotl genera un valor adicional en la propiedad residencial para habitación.

• Un estudio efectuado en la Unidad Académica Profesional Nezahualcóyotl de la UAEM, comparó las diferencias en los valores de la tierra generado por el transporte. El cambio medio en el valor de la tierra desde 1997 hasta 2010 en las propiedades residenciales cerca de las paradas de autobús fue del 25%, para efectos catastrales las tasas medias de cobro variaron del 12% al 40%.

Impacto en Gastos

La inversión en transporte impacta a la economía de dos maneras: (1) a través de la inyección de gasto en salarios de los trabajadores y compras de materiales y servicios, y (2) a través del ahorro de costos y el incremento de la productividad empresarial como resultado de los servicios del transporte público.

En el caso del punto 1 se analiza el impacto de las partes anotadas:

• Definición: Impacto en las formas de inversión

• Mezcla de capital y la inversión en operaciones

• Modelado del impacto económico

• Impacto económico global de los flujos de dinero

• Impacto por sector y ocupación

Impacto en las formas de inversión, efectos directos, indirectos e inducidos

Las inversiones de capital en el transporte público se realizan para llevar a cabo uno de los tres objetivos:

• Inversiones en nuevos sistemas, incluye gastos para la adquisición y liberación de derechos de paso de la tierra, ingeniería y todos los componentes necesarios del sistema;

• Modernización, con gastos para la sustitución o rehabilitación de los componentes del sistema al final de su vida útil, y

• Ampliaciones, con gastos por ampliaciones a los servicios existentes. El alcance y el rango de los gastos para proyectos de expansión son muy variados.

Para las tres clases de objetivos, la inversión de capital se define para incluir:

(1) Desarrollo de las instalaciones, incluyendo proyectos, diseño y construcción de estaciones, edificios de mantenimiento, el derecho de vía rutas, plantas de generación de energía, etc. y (2) las compras de equipos y vehículos de pasajeros (por ejemplo, autobuses, trenes) y equipos de seguridad, control y operaciones. Además, gastos de operaciones y mantenimiento de sistemas de transporte público, incluidos los servicios de vehículos, actividades de mantenimiento y administración.

Impactos Económicos etiquetados. Tanto los gastos de operaciones y de capital, el gasto en transporte público impacta a la economía a través de tres categorías. Estos son:

(a)   Efectos directos sobre los trabajadores y las empresas dedicadas a la fabricación de los vehículos y equipos de control, la construcción de caminos y terminales, instalaciones para el funcionamiento de los servicios de transporte público;

(b)   Efectos indirectos son los efectos sobre las industrias a las que apoya el transporte, es decir, aquellos a las que se les suministran bienes y servicios para permitir que el gasto directo - incluyendo a los trabajadores en las industrias que suministran materia prima, y

(c)   Efectos inducidos son los efectos sobre los ingresos de los trabajadores y de los consumidores, incluyendo los costos de alimentos, ropa, vivienda, recreación, educación y servicios personales.

Estos efectos económicos pueden ser vistos como indicadores de la función de transporte público en una economía regional o nacional, ya que muestran cómo la inversión en transporte público ayuda a la creación de empleos y puestos de trabajo y de ingresos en otras industrias. También muestran cómo los aumentos en el gasto de inversión en transporte público pueden aumentar el empleo y la economía, siempre y cuando haya trabajadores suficientes para el trabajo requerido por el transporte en puestos de trabajo competitivos sin el desplazamiento de otras ya existentes. Cuando hay desempleo relativamente alto un aumento en la inversión del transporte público puede tener un "Multiplicador" de efectos, ya que conduce a la generación de más empleos, no sólo en la construcción de la infraestructura y en las industrias asociadas al transporte, sino también en otras industrias que se benefician por los efectos indirectos e inducidos.

Mezcla De Capital e Inversión en Operaciones. La inversión en capital en el transporte conduce a formas muy diferentes de trabajo y la generación de ingresos, se estimulan sectores muy diferentes de la economía. Por esa razón, es importante tener en cuenta tanto las formas de inversión.

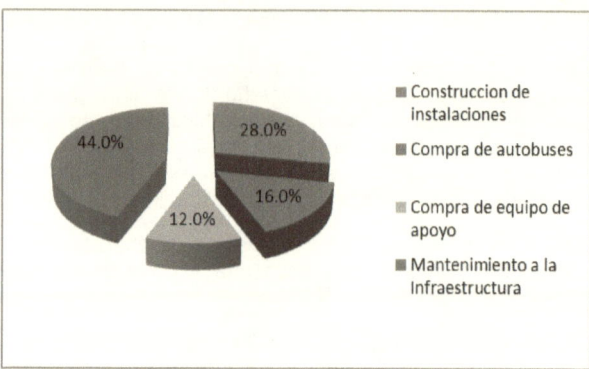

Elaboración propia

La figura muestra la gráfica de la mezcla de productos y servicios que se han adquirido como inversión de capital en el transporte público en la zona en estudio, muestra la mezcla entre el capital y las operaciones, en la actualidad el 72% de toda la inversión en transporte público es en la operaciones y mantenimiento de los vehículos existentes, mientras que el 44% es para la inversión de capital en los vehículos y equipos necesarios para operar y continuar la operación del sistema de transporte.

El gasto se concentra en el financiamiento de la infraestructura para el transporte público por encima del gasto de capital y mantenimiento preventivo.

Modelos de impacto económico.

Las estimaciones del impacto en el empleo y la creación de empleos traza sus impactos indirectos e inducidos mediante la utilización de la inversión en la generación de empleos la gráfica muestra el desglose indicativo de los empleos generados en términos de efectos directos, indirectos e inducidos, para empleos temporales como permanentes.

Para comprobar estos valores, se compararon con un impacto alternativo de generación de empleos, los cálculos se obtienen a partir de dos sistemas alternativos de modelos económicos que ofrecen entradas simplificados para representar los perfiles fijos, los gastos preestablecidos para autobús y tren, la construcción de la infraestructura y para la operación del transporte público, tanto el software IMPLAN y el modelo REMI se basan en las ventas y los patrones de compra e importación, en conjunto, los sistemas IMPLAN y Remi muestran una gama de estimaciones de alto y bajo impacto, las diferencias entre estas estimaciones son reajustadas. Por ejemplo, el IMPLAN no ajusta estimaciones y puede ser interpretado como si representara un extremo bajo en el empleo de forma automática toma en cuenta: (a) los impactos adicionales de gasto de transporte sobre los salarios y los ingresos fiscales, lo que lleva a un mayor crecimiento de puestos de trabajo del gobierno el tiempo, (b) los empleos asociados con el equipo que se instala en las terminales, las piezas especiales y de seguridad etc. Por otro lado, el modelo REMI realiza estimaciones para representar un índice más alto porque incorporan las previsiones de crecimiento de la productividad por tecnologías nuevas y los salarios integrados.

En última instancia, ninguno de estos sistemas toma en cuenta el potencial para generar más empleos originado por el transporte, en la actualidad se estima que el 76% del empleo total en la zona lo genera el transporte público, el 30% son puestos de trabajo en atención al público en ventanilla y el 12% de los empleos son en personal de apoyo como mecánicos etc., si una de estas porcentajes aumenten el impacto total de trabajos en la zona se debe la inversión en los gastos de capital y podría ser aún mayor que la indicada. Incrementos adicionales en capital tiene mayor impacto laboral que la inversión en gastos en las operaciones, que ocurriría con el empleo si los incrementos en los combustibles como biodiesel y gas natural, todas estas estimaciones podrían subestimar los impactos en el empleo. Sin embargo, para los propósitos de este estudio, es útil evitar el supuesto de cualquier otro cambio en las políticas al transporte, Así, esta investigación estimo 36.000 puestos de trabajo por cada millón de pesos en el gasto de transporte público.

Impacto económico del gasto en la generación de empleo. Para evaluar el número de empleos generados por el transporte público, es necesario volver a calcular las cifras de empleo utilizando la mezcla de gasto específico que se aplica de fondos gubernamentales de los tres niveles, los fondos gubernamentales se centran en la inversión de capital y mantenimiento preventivo, pero utilizando una determinado partida presupuestal se traduce en un 68,6% para gastos de capital y el 31,4% de inversión privada a gastos de operación. Esa mezcla es compatible con un estimado de 9.236 puestos de trabajo por millón de pesos invertidos en el transporte público.

Impacto en el empleo de la inversión mixta. La tabla muestra las proporciones de la generación de empleos lo que variara en el tiempo dependiendo de la mezcla de inversión y de las tasa de inflación además del tipo de tecnología usada, como el uso de combustible alternos como el biodiesel y gas natural ya que estos combustibles alternos generan otras fuentes de empleo para su generación de proceso.

Empleos generados en Cd. Nezahualcóyotl por millón de pesos en Transporte Publico

Categoría	# de Empleos	# Recomendado
Inversión de Capital	2,200	2,400
Inversión en Gastos de Operación	2,300	4,100
Total	4,500	6,500

Otros impactos en los salarios. El impacto económico en los negocios generado por el transporte ocurre en forma de incremento en las actividades económicas que podemos medir de varias formas, como:

La producción total de las empresas

Ingresos totales y el valor añadido

El monto de la nómina pagada a los trabajadores

Empleos totales generados

Los empleos generados es la métrica más importante, ya que es el propósito de las políticas públicas en el transporte.

El impacto económico por categoría de empleo por cada millón de pesos invertido en el transporte y la métrica en la producción total empresarial (el volumen de ventas), la cual muestra un promedio de 3.6% de incremento en las ventas generado por el transporte, es importante notar que estos números indican la escala del impacto en los negocios por la inversión en transporte, y no son relaciones de costo/beneficio, que se enfoca en beneficios a largo plazo.

El impacto en la recaudación de impuestos se estimó que por cada millón de pesos invertidos en el transporte, es 14% del total recaudado, generado como consecuencia de impuestos a los salarios y 9.8% corresponde a impuestos por nomina generado por las actividades asociadas al transporte.

Comparación con otras inversiones. Es útil comparar la inversión en transporte con la generación de empleos respecto a otras formas de inversión donde la inversión en transporte y la generación de empleos por millón de pesos invertidos.

Otra comparación de interés realizada en la investigación es el número de empleos generados respecto a la generación de impuestos a la nómina, se encontró que por cada millón de pesos invertido se generan 2,200 fuentes de empleo y se recauda 12% de impuestos, mientras que el mismo monto de inversión en empresas de producción genera solo 2,000 empleos, en servicios médicos 1,000 y en educación 1,000 empleos, lo fundamental es que en transporte, se generan más fuentes de empleo que en las otras ramas de la economía y se recauda el doble de impuestos, por lo que la inversión en transporte estimula en forma importante la generación de empleos.

Calidad del empleo. La calidad del empleo puede ser desglosada en términos de industrias y ocupaciones. Un desglose del impacto en el empleo por grupo, La mezcla se muestra en los gráficos y las tablas que reflejan el resultado combinado de cuatro factores clave:

• La mezcla de la inversión directa de capital y en las operaciones - que en este caso son principalmente los servicios de construcción, manufactura de autobuses, vías y equipos.

• La parte de fabricación local y de servicios - que en este caso significa la porción de suministros.

• El efecto indirecto sobre los pedidos a proveedores, que se muestra en la tabla y se distribuyen a través de las industrias en la zona, los efectos indirectos se concentran en la fabricación de materiales de construcción y equipo, transporte y asociados así como el comercio, además de los servicios administrativos, profesionales y financieros. Para las operaciones de gasto, los efectos indirectos se concentran en profesionales y servicios administrativos.

• El efecto inducido por el gasto de los trabajadores de sus salarios, principalmente en el comercio en restaurantes y alojamiento, servicios personales, servicios de salud y servicios financieros.

No es sorprendente que los últimos dos gráficos muestran que el mayor impacto económico del gasto público de capital es en el transporte en la industria de la construcción y en el sector manufacturero,

Desglose de los efectos en el empleo por grupo de ocupación. En una época de desarrollo económico, los impactos en la generación de puestos de trabajo generados en la inversión en el transporte público es particularmente valioso.

Los efectos directos de la inversión en transporte es el apoyo al empleo en cinco categorías de competencia definidas:

• Administradores profesionales en el transporte - incluyendo a los trabajadores administrativos, técnicos e ingenieros en transporte;

• Servicio - incluyendo a los trabajadores que prestan servicios de protección, servicios de alimentación y servicio de ventanilla, atención al calenté, otros servicios de apoyo;

• Ventas, entre ellos agentes de ventas y trabajos de oficina.

• Recursos naturales, construcción y mantenimiento, incluyendo trabajadores de la construcción, mantenimiento de la terminal y derecho de vía, además de programación de vehículos y trabajadores de mantenimiento e instalaciones, y

• Equipaje, transporte y traslado - incluyendo controladores y, miembros de la tripulación.

Los cuadros y gráficos de barras adjuntas muestran la mezcla del empleo en términos de dos diferentes puntos de vista. Los trabajos admitidos directamente por el transporte público, en comparación con la mezcla de todos los puestos de trabajo.

Se muestra que el gasto de capital apoya directamente a una parte relativamente grande de puestos de trabajo en administración, administradores profesionales y oficios de la construcción, en comparación con los empleos de cuello blanco y azul.

Por el contrario, los efectos indirectos e inducidos apoyan una amplia gama de ocupaciones, generado por los proveedores y vendedores de bienes y servicios para el transporte, así como las empresas que se benefician de los trabajadores al gastar sus salarios y generan empleos por sus ventas. Estos trabajos pueden incluir a trabajadores de atención a la salud, los trabajadores de minoristas y mayoristas, otros profesionales adicionales, tales como trabajadores de los servicios legales y financieros.

En general, estos hallazgos ocupacionales son importantes porque muestran cómo la inversión en transporte público es compatible con una mezcla de puestos de trabajo variada y amplia como en la construcción, en la producción, el mantenimiento y profesionales del servicio de transporte. Sin embargo, esta composición del empleo contrasta substancialmente con la mezcla de trabajo promedio en otras partes de la economía, que cuenta con una mayor proporción de puestos de trabajo en los servicios profesionales.

Ahorro en costos e impacto en la productividad. Se analiza como las inversiones en transporte conducen a ahorros en los de costos y en el aumento de la productividad.

Se implementa una metodología para evaluar el impacto en los negocios generada por la inversión en transporte midiendo el ahorro de costos en los diversos segmentos de la economía, organizado en siete secciones que representan una secuencia de pasos.

• Capacidad del transporte público- estimación del costo y el impacto en el viaje y en la ampliación de la capacidad;

• El costo de pasajeros- cálculo del costo de nuevos usuarios y la cantidad de pasajeros);

• Uso del transporte público y conectividad - cálculo de la reducción en el uso del automóvil particular;

• Los ahorros en el costo de pasaje- cálculo del ahorro para el pasajero;

• Beneficios por la reducción del congestionamiento- cálculo del ahorro del costos a los usuarios del automóvil y tractocamiones asociada con la reducción de carriles y la congestión debido al cambio de modo;

• Beneficios por la productividad en los negocios- cálculo de los beneficios por la mejora de la producción en los negocios (como resultado de cambios en la confiabilidad de los trabajadores);

• Cálculo total de los impactos económicos - para calcular el cambio total en la productividad y los ingresos de los empleados, los impuestos a los ingresos (generado como consecuencia de los pasos anteriores).

La información presentada en este capítulo sirve: (1) para demostrar cómo la metodología puede ser aplicada, y (2) para ilustrar el alcance y la magnitud de los impactos económicos en los negocios que puedan estar asociados con el transporte público.

Son necesarios más datos para proporcionar una mejor información en el futuro, y seguir refinando estas estimaciones sobre el impacto económico en los negocios asociados al transporte público.

Capacidad del Transporte Público. El primer paso para evaluar los efectos económicos a largo plazo de la inversión en transporte público es examinar "¿Qué queremos conseguir en términos de la capacidad, el servicio y el número de pasajeros servidos?

Esa cuestión se puede abordar mediante escenarios alternativos que representan diferentes niveles de servicio acordes a la inversión en transporte, y luego evaluar sus implicaciones.

Para lograr este objetivo, es necesario evaluar los tipos y costos del transporte en relación a la capacidad para atender el crecimiento futuro y la previsión del número de usuarios del transporte público.

Necesidades de capital. La inversión en transporte en términos genéricos es necesaria para la renovación, adquisición y mantenimiento de diferentes tipos de activos:

• Autobuses (de varios tipos)

• Refacciones

• Conservación de la infraestructura

• Estaciones y terminales

• Instalaciones

• Sistemas

Con la finalidad de prevenir la reposición de los vehículos depreciaciados y obsoletos es necesario analizar la inversión asía los activos listados anteriormente esto significa que si un activo está por cumplir con su vida útil debe sustituirse por un nuevo activo, estos serán los activos que serán útiles en los períodos futuros.

Con el fin de preservar el servicio a los pasajeros del transporte público, y evitar nuevas inversiones de capital en cada una de estas categorías.

Las necesidades de capital en el transporte se estiman en términos de los niveles futuros de crecimiento de la demanda. Estos se expresan en términos de tasas anuales de crecimiento en el número de usuarios.

La estimación se puede hacer mediante la utilización de la información en la tabla de tiempos de vida útil de los activos, la evaluación de los costos de los bienes necesarios para atender nuevos viajes extendido a los tiempos de vida esperados de cada categoría de activo.

Los escenarios que se compararon fueron:

(1) "Tendencia actual"- este escenario supone un crecimiento anual en el transporte público de 5.5 por ciento anual, que ha sido el crecimiento de pasajeros promedio anual del plan de desarrollo municipal 2009-2012.

(2) "Por el número de pasajeros"- este escenario - supone un crecimiento anual en número de pasajeros de 3.5 por ciento cada año durante un período de veinte años, lo que casi duplicaría el número de pasajeros para el final del período de vida útil de los autobuses. Los costos anuales de capital para atender esta previsión de pasajeros son de $ 162 millones anuales en inversión de capital necesario para el escenario de tendencia actual. Representa una inversión adicional de capital anual promedio (en pesos constantes de 2012).

(3) "Escenario de alto crecimiento"- Este escenario supone un promedio de 5.7 por ciento de pasajeros de crecimiento por año. Si bien este escenario no fue sometido al análisis de tendencias económico, el resultado sería 2 puntos porcentuales más alto a los resultados de la comparación del escenario anterior, en términos de beneficios netos en comparación con los costos de inversión se incrementaría al 3.2%.

El análisis del flujo de capital se proyectó durante un período de veinte años (1013-2030) y las necesidades para la compra de bienes de capital por categoría fueron estimadas para ese mismo período para cada uno de los escenarios de usuarios del transporte público.

El análisis calcula los costos incrementales y los beneficios incrementales al pasar del primer escenario al segundo escenario. Esta no es lo único que se podría simular, ya que, la corriente de crecimiento de pasajeros en la zona se podría sostener en los actuales niveles de inversión de capital público en transporte previstos en el mismo periodo, el análisis comparado del escenario uno y escenario dos con el fin de llevar a cabo un incremento en la relación beneficio / costo.

Los beneficios adicionales que supone pasar de un nivel de financiamiento en la actualidad insostenible al nivel de financiamiento que pueda sostener un crecimiento del 2.4 por ciento de pasajeros anual a un futuro probable que el que se muestra aquí con escenarios de crecimiento del 2.55 y 3.5%.

Como los tiempos de vida útil de los activos adquiridos en el período de veinte años se extienden mucho más allá del final del periodo de vida del proyecto de transporte, y puesto que estos activos pueden seguir siendo utilizado durante los períodos posteriores hasta el final de sus vidas útiles de los activos (sin los costos adicionales de capital para el reemplazo), se realizó un análisis de la cantidad de viajes atendidos por las inversiones realizadas en cada activo por categoría durante el próximo período de veinte años. Esto da una medida más completa de los beneficios de los activos a futuros pasajeros de transporte. Los pasajeros adicionales totales que se servirá durante el período de veinte años son más pasajeros que en el escenario 3.

Si se supone que las inversiones de capital necesario para cada escenario son proporcionales a sus impactos en los negocios en términos de nuevos viajes, ya sea para veinte años o a lo largo de los tiempos de vida de los activos que son tomados en cuenta durante los próximos veinte años en comparación con los activos adquiridos en el escenario de menor crecimiento, resulta que estos activos adicionales servirían 320 viajes adicionales durante la vida útil de los activos que fueran adquirido en el escenario de mayor crecimiento.

Esto tiene un impacto dramático en la estimación de costos de capital asociados con cada nuevo viaje. Sobre la base de los nuevos viajes que se producen sólo durante los veinte años de la inversión, los costos de capital, los costos de los vehículos y de otros activos determina los activos que se pueden reponer para un determinado nivel de inversión.

El segundo paso consiste en calcular el costo por viaje adicional, basándose en la cantidad de pasajeros servidos y los datos de costos, presentados en los datos. Se muestran los viajes efectuados en la zona etc., los datos de obtuvieron del INEGI y mediante levantamientos efectuados por estudiantes de la UAEM.

El tercer paso es desarrollar un perfil de la conectividad asociado con las ganancias de los pasajeros del transporte público. Esto es necesario porque todos los cálculos de los ahorros en los costos por pasajero adicional depende de que el pasajero nuevo lo substituya por su vehículo antes de decidir viajar en transporte público u otra forma de servicio de transporte público, a pie o en bicicleta, o no hacer el viaje en absoluto.

La conectividad se observó a partir de encuestas y datos observados. La investigación se basó en datos sobre preguntas a los usuarios sobre lo que harían si el transporte público no estuviera disponible.

Los resultados del informe del perfil de del modo de viaje reportados en Encuestas. Las encuestas de los pasajeros de autobús muestran que si el servicio de transporte público no estaba disponible, aproximadamente el 24 por ciento suspende su viaje, el 22 por ciento viaja por otro medio, y 10 por ciento tomaría un taxi. Además de los aumentos resultantes en el tráfico.

Ahorro de costos en el pasaje. El cuarto paso es combinar la información recopilada a partir de las tareas anteriores y calcular los ahorros económicos para cada segmento de transporte. Estos incluyen: (1) los pasajeros de transporte público que pasaron de usar vehículos personales a usar transporte público, (2) los que cambiaron el uso del transporte público a otra opciones de transporte y (3) los que cambiaron de modo de transporte a transporte especial, a pie o en bicicleta. Para el análisis del impacto económico en los negocios, el ahorro de costos se traducen en dinero, por lo que ni el valor de los ahorros de tiempo personal ni el "excedente del consumidor" es capaz de utilizar el transporte público que más impacta en la economía.

Impacto Económico en los Negocios, Originado por el Sistema de Transporte Publico "Mexibus", en Cd. Nezahualcóyotl, Edo. de México

2013

Costo Diferencial: La conectividad entre el uso de vehículos personales y el transporte público. Los ahorros de costos se calculan como la diferencia entre los costos de viajes de vehículos personales incluyendo el pago del estacionamiento y las tarifas de viajar en transporte público.

Se estima un costo por kilómetro de operación del automóvil privado de $1.3 para sedanes pequeños y $2.40 para otros vehículos. Sin embargo, el costo total del automóvil por kilómetro, incluida la adición de desgaste y depreciación asociados al automóvil, se calcula $5.50/Km para propósitos de reembolso, estos números deben ser multiplicado por 20 kilómetros por viaje para representar el total del costo del uso del automóvil respecto al equivalente en transporte público. Eso da un total de $ 110 por viaje en automóvil, que es $102.00 por encima del costo promedio del transporte público. En el transcurso de un año, este ahorro de costo de uso asciende a $ 102 x 2 x 356 días = $74,460.00 por viajero. Además, los costos de estacionamiento también se añaden una porción también aplicable.

Ahorro total de viaje por el uso de Transporte Publico. La gama de otros estudios también han estimado los beneficios de la inversión en el transporte público en términos de reducción de costos de operación de vehículos personales.

Los resultados son generalmente consistentes con los cálculos de ahorros de costos operativos de automóviles, en el caso del Mexibus el escenario conduce a más viajes del transporte público al año a partir del año 2015 lo que ocurriría con el escenario de "Tendencia actual". Multiplicado por el previamente ahorro calculado de $110 en ahorros de costos por pasajero, se obtiene un ahorro estimado de $ 74,460 x 2 años = $ 148,920.00 por persona-viaje. Los ahorros reales serían menores en años anteriores y crecerá con el tiempo más allá del 2030 (20 años de vida útil del proyecto). Ese patrón de ahorro de costos en el tiempo es generalmente consistente con el hallazgo que muestra los ahorros totales en el período (2010-2050) el escenario tiene un valor actual más alto que la del escenario "Tendencia actual" de $74,460.00 por viaje-persona.

El ahorro de costos en la reducción en el uso del automóvil. El uso del transporte público de pasajeros, no conduce necesariamente a la reducción del uso del automóvil privado. Sin embargo, la disponibilidad del transporte público de calidad indica una escala de aceptación entre el 10-20% en el tramo donde es prestado el servicio, es decir el ahorro de costos asociado no se compara con el nivel de servicio de un vehículo personal, el cambio al uso de transporte público es probable que ocurra durante un largo período de tiempo y dependa de la mejora en el nivel de servicio y la calidad prestado por el transporte público y del efecto que tenga el uso del vehículo privado en la economía del usuario, ya que la población con automóvil propio en la zona es reduce a sólo el 10% de la población que son pasajeros. Eso por sí solo da lugar a un ahorro adicional a partir del año 2030 mientras se dependerá de la inversión sostenido para mejorar el nivel y calidad del transporte público (Mexibus).

Ahorros adicionales en tiempos de viaje. El aumento de la inversión en el transporte público puede suponer un ahorro de tiempo para los viajeros que cambian de modo de transporte, incluyendo aquellos que viajan en automóvil privado en las rutas congestionadas y por lo tanto mas lentas. Sin embargo, otros viajeros cambian de modo de transporte a pesar de un viaje más largo y más tardado, en general, los ahorros netos de tiempo para los pasajeros de transporte pueden variar ampliamente entre las zonas de Cd. Nezahualcóyotl. Es importante tener en cuenta que conforme aumenta el tiempo se acumulan más pasajeros, y se afecta el flujo de efectivo en la economía y las llegadas de los trabajadores a sus centros de trabajo. Mientras que estos impactos son reales, su magnitud y consecuencias están suficientemente bien fundamentadas.

Reducción adicional. El análisis asume que las personas que cambian de conducir un automóvil propio al uso del transporte público tienen una reducción en el kilometraje de viaje que es equivalente a la longitud del tramo de viaje en kilómetros, sin embargo, para las personas que cambian al transporte publico viajar en un automóvil implica una ruta diferente que la usado por el transporte público sobre todo si usa carriles confinados o exclusivos para su circulación o en contra flujo. En realidad, es probable que la reducción asociado tiene dos efectos: (1) viajes en los que los conductores necesitan usar vialidades alternas para llegar a su destino y (2) viajes con origen y destino en línea recta por ejes viales y trayectos definidos. En ambos casos, la decisión entre un modo de trasporte y otro, resulta en ahorro de kilómetros.

La provisión de servicios de transporte público masivo puede a la larga conducirá a mayores reducciones debido a cambios más amplios en la densidad urbana y la dependencia del tráfico, estudios que comparan las diferentes velocidades en el transporte público y el transporte personal, se deriva en una relación estadística inversa entre las diferencias de kilómetros recorridos en el transporte público y los pasajeros por kilómetros y automóviles.

Los hallazgos de estos estudios, sugieren que sostener la inversión en el transporte público puede dar lugar a impactos a largo plazo sobre los negocios en la zona que son de 0.5 a 4 veces más los kilómetros recorridos por el transporte privado.

Beneficios adicionales por la reducción del congestionamiento. El quinto paso es calcular los ahorros adicionales de costos económicos resultantes para automóviles y camiones que se benefician cuando el transporte público reduce el congestionamiento del tráfico.

Este paso sólo se aplica a las zonas urbanas donde la congestión del tráfico durante las horas pico ocasiona costos adicionales por retardos que se pueden reducir mediante el desvío del transporte público.

Estimaciones de la congestión. Las estimaciones de la congestión vial en la zona en estudio incluyen estimaciones sobre la cantidad atribuible al transporte público. Las estimaciones de la congestión se basa en relación de capacidad por kilómetros recorridos por vehículo en la carretera o infraestructura vial, también se estima los niveles de congestión cuando no estaba en funcionamiento el transporte público y los servicios no estaban disponibles.

La base de datos usada incluye las estadísticas realizadas por los alumnos de la carrera de ingeniería en transporte de la UAEM, Cada grupo de trabajo tomo los datos de acuerdo con el programa de trabajo.

Para evaluar plenamente las alternativas futuras para la inversión en transporte público y sus impactos en los negocios, es necesario examinar cómo se realizaran las inversiones de capital y gastos de operaciones para evaluar cómo se afectará el rendimiento y los costos asociados.

El sistema desarrollado en esta investigación estima el costo total de usuario por kilómetro y el retardo in horas por cada 1,000 vehículos de recorrido.

Para el cálculo del incremento en el transporte público, las hipótesis alternativas fueron acerca de la proporción de los pasajeros de transporte público que los representan desviaciones en la red de transporte.

La estimación de la desviación se obtuvieron a partir de encuestas a los pasajeros a bordo del transporte público se preguntó acerca de su ex modos de transporte.

El análisis también permitió alternativas sobre pasajeros-kilómetro de viajes. En un caso, los pasajeros de transporte público se estima que tienen una duración promedio de viaje de 6.0 kilómetros, frente a los 5.2 kilómetros promedio por viaje de todos los viajes de transporte público.

Los hallazgos en ahorro de costos. La estrategia de crecimiento más alta de transporte público es alcanzar la reducción del tránsito del transporte privado en las vialidades del municipio; las estimaciones se han realizado para escenarios intermedios que representan escenarios que implican 300 vehículos menos al año que se incorporan al tránsito.

Aplicado a los cerca de 600 mil vehículos circulando en la zona al final de veinte años (vida útil del proyecto) tendríamos un cambio de los costos al usuario equivale a alrededor de $ 23 millones de ahorro en costos al usuario debido a la inversión en transporte público.

Sin embargo, ya que los ahorros en costos a los usuarios se acumularan con el tiempo, se desplazará a partir de cero en 2011 a $ 11 millones por año. El ahorro de costos será menos durante los años intermedios, pero aún mayor que el valor al 2030 debido a que el número de pasajeros en transporte público continuará creciendo con el tiempo.

Los ahorros en los costos por la reducción de la congestión se repartirán entre los hogares y las empresas en la zona. En general, los ahorros asociados con los viajes se acumularán a los ingresos de los hogares, mientras que los ahorros asociados con viajes de negocios (a través de camiones y automóviles) se acumularán a los negocios, también puede dar lugar a reducciones de costos operativos del negocio, sobre todo cuando las empresas en las zonas congestionadas han compensado a sus empleados con salarios y comisiones más altos para compensar los mayores costos de los viajes hacia y desde sus hogares, tomando estos factores en cuenta, los estudios de la congestión urbana indican que al menos el 45% del costo total de la congestión es provocada por empresas de servicios (estadios deportivos, escuelas etc.). En consecuencia, los beneficios $ 11 millones / año de ahorro de costos de congestión entre los hogares y las empresas con un porcentaje de 55/45.

Impacto a la Productividad del Negocio. Además de los ahorros de costos descritos anteriormente, el cambio al transporte público facilitara el aumento de la productividad y la competitividad en los negocios. Este beneficio se deriva de dos factores: (1) la reducción de las primas salariales pagados a los trabajadores por la reducción de tiempos de viaje y su puntualidad y los costos asociados, y (2) la mejora del acceso a la mano de obra y a mercados que aportan economías de escala.

La prima por puntualidad, es una prestación que tienen los empleados por no tener retardos en su horario de entrada a las empresas, los negocios tienen que absorber parte de los costos excesivos de desplazamientos del trabajador con el fin de atraer y mantener a los trabajadores de calidad.

La reducción de la congestión disminuye la necesidad para las empresas de pagar dicha prima y el ahorro de costos para las empresas es efectivamente un aumento de la productividad de las empresas. Este impacto se beneficia aproximadamente a las empresas con el 2.3% de las ventas.

El efecto de las "economías de escala" viene del hecho de que el servicio de transporte público facilita niveles más altos de transporte masivo de personas y de productos, lo que, a su vez, permite que la economía en la zona sea más productiva. Las razones de esta productividad son las siguientes:

• Las empresas tendrán acceso a un mercado de trabajo más amplia y diversa, proporcionándoles una mejor capacidad para encontrar trabajadores con mejores habilidades, mejorando así la productividad del trabajo;

• Los establecimientos del sector podrán acceder más ampliamente a clientes, lo que les permite organizar de manera más eficiente los recursos para atender a sus clientes;

• El conocimiento especializado se propaga más rápidamente a través de las redes sociales, mejorando el capital humano y la productividad del trabajo con la tecnología y las habilidades industrias tecnificadas que se benefician de esa interacción, y

• Una mayor diversidad de la actividad económica y una fuerza laboral más activa, creativa e innovadora.

Estos beneficios ocurren a nivel metropolitano, también puede traducirse en una mayor productividad a nivel nacional si se lleva a cabo a través de un amplio espectro de áreas metropolitanas. En el contexto de la presente investigación, la magnitud se estima teniendo en cuenta el grado en que el uso del transporte estimula una mayor densidad poblacional, mediante la evaluación de la productividad económica.

Muchos estudios han demostrado que la adición de la capacidad de transporte público facilita una mayor densidad especialmente cerca de las estaciones del transporte público, pero también en los centros urbanos a través de una estimulación en las actividades económicas y la necesidad de estacionamientos.

El número de usuarios del transporte público como % de la población tiene correlación con la densidad total del área en estudio, de tal manera que un cambio del 1% en el servicio de transporte público se traduce en movilidad en un cambio de alrededor de 150 personas por kilómetro cuadrado en todo el municipio en estudio.

Sin embargo, para ser conservadores, se utiliza una cantidad inferior ya que se observó que un cambio del 1% en el servicio de transporte público aumenta la densidad servida a 100 personas por kilómetro cuadrado. Esta suposición permite el hecho de que la correlación se ejecuta en ambos sentidos, aunque el transporte público facilita una mayor densidad pero una mayor densidad requiere más transporte público.

Para un típico municipio del tamaño de Cd. Nezahualcóyotl, que se encuentra en el rango alto de las zonas urbanas en el largo plazo aumenta la fuerza de trabajo en la zona metropolitana del Distrito Federal, alrededor de un 2% en comparación con el escenario de menor inversión en transporte público, por lo que un aumento del 2% en la densidad se traduce en un aumento de la productividad de 1.5%, o aproximadamente $0.6 millones por año.

Impacto Económico por Cambios en la Productividad.

Impacto económico directo. El impacto de la inversión en transporte público fue hecho considerando que el usuario medio de transporte público se ahorraría alrededor de $ 905 por año en costos de transporte (en pesos del 2012). Esto representa dinero ahorrado para su uso en otros gastos de los hogares. El quintil más bajo de los hogares por ingresos (quinto de todos los hogares del municipio) tuvo un promedio de $2,500 mensuales de ingresos en el 2012. Además de los beneficios económicos a los pasajeros de transporte público las repercusiones económicas en el resto de los usuarios del transporte indicó que sobre la base de un viaje por día, la ganancia neta para los usuarios que dejan su automóvil sería de $ 5.20 a $ 3.10 por viaje en transporte público, o alrededor de $ 600 a $ 1,550 por año. Por lo tanto, cada persona al viajar en el Mexibus ahorra costos a sí mismos más en el rango de $ 1,505 a $ 3,455 por año, lo que conduce al crecimiento del ingreso adicional, los efectos totales en la economía, puede afectar los puestos de trabajo para y el personal los son en gran medida los trabajos de cuello azul.

A largo plazo es ahorro de costos para los viajeros, además hace posible que se obtengan mayores impactos sobre la economía a través de seis mecanismos:
• Nuevos usuarios del transporte público que cambian su forma de viajar de usar su automóvil al transporte público y que pueden obtener algunos ahorros en los gastos de viaje y los costos de propiedad del automóvil, que pueden utilizar para comprar otros productos y servicios de consumo.

• Los viajeros que continúan usando automóvil particular también se benefician del ahorro de tiempo en horas pico lo que conduce a ahorro en los costos de operación de automóviles. Los hogares pueden utilizar los ahorros para comprar otros productos y servicios de consumo y tienen más tiempo libre.

• Las empresas que pagan salarios más altos para atraer a trabajadores en áreas congestionadas, pueden potencialmente ahorrar en la prima de costos laborales por evitar retardos y ausencias del personal por la congestión del tráfico o al menos por la reducción del tráfico. El efecto neto es una reducción en el costo de hacer negocios. Esto representa una mejora en la productividad de los negocios, que puede hacer que las empresas afectadas sean más competitivas en mercados globales

Estos impactos fueron calculados usando el software IMECOST, el sistema incorpora un modelo para procesar los cambios en el flujo de efectivo en las empresas y en economía en estudio, y los efectos de los cambios regionales en los tiempo de viaje y el acceso al mercado laboral.

Impactos por la Mejoras en Viajes

Mientras que los efectos del transporte público en los negocios pueden ser de un interés significativo, a largo plazo los beneficios de viaje son una justificación fundamental para la inversión en el transporte público que en última instancia, puede conducir a un impacto mayor y duradero en la economía de un área.

Los beneficios directos para los usuarios se dividen en cuatro categorías principales:

1.- Ahorro de tiempo de viaje
2.- Ahorro de costos de viaje
3.- La fiabilidad del transporte
4.- Mejoras en la seguridad

Los cuatro tipos de beneficios proporcionan ahorros monetarios, tanto para los usuarios del transporte público como para los fletes de mercancías y de otros modos de transporte.

Las ventajas para el usuario se derivan de la valoración de las mediciones sobre el impacto, tales como los cambios en horas de viaje y las horas recorridas por los vehículos, los kilómetros-persona recorridos o los kilómetros recorridas por vehículo, las mejoras en la seguridad y la fiabilidad. Los costos unitarios se aplican a estos variaciones para obtener los beneficios directos para el usuario, los costos unitarios o los gastos de operación del vehículos por kilómetro en una hora, el valor del tiempo de los trabajadores por hora, y los costos de accidentes por cada incidente y por tipo, incluyendo valores monetarios de los impactos ambientales.

Sin embargo, esos valores no se traducen directamente en los efectos correspondientes en el flujo de $ en la economía, a menos que los precios deban aplicarse a los costos de los productos o servicios.

Tradicionalmente, el principal factor considerado como impacto en los negocios es la variación en el costo del transporte como el beneficio del transporte público. Este modo de pensar ha cambiado de manera significativa y ahora se acepta ampliamente que el transporte público también ayuda a reducir la congestión del tráfico vial, con mayores beneficios para las entregas de productos o servicios, el acceso a empleos al mercado laboral y en otros aspectos de la productividad de las empresas, temas tratados ya en los proyectos de Impacto de Estudio de la congestión (Weisbrod, Vary y Treyz, 2001), la Guía de Evaluación de Beneficios y Costos de Tránsito Público (Litman, 2008) y el NCHRP Guía para la Evaluación de los efectos sociales y económicos del transporte(Forkenbrock y Weisbrod, 2001).

Por lo tanto, el impacto económico directo para los usuarios incluye los costos de operación del vehículo como un ahorro, incluido el ahorro del uso de combustibles y los ahorros de costos de estacionamiento para las personas que cambian del automóvil por el transporte público o al contrario. Además, una reducción en el uso del automóvil resuelve el congestionamiento del tráfico debido a un mayor uso del transporte público, y el ahorro de tiempo y de costos de operación de vehículos para los usuarios en las carreteras y autopistas de cuota.

Impactos en los Gastos Directos

Definición. La inversión de capital en el transporte público junto con las compras de equipos e instalación incluida el material rodante, las vías, carriles-guía, el equipo de control, y la construcción de terminales, estaciones, aparcamientos, instalaciones de mantenimiento y de generación de energía y la infraestructura. Ocasiona en los usuarios del servicio de transporte puestos de trabajo asociados como conductores, personal de mantenimiento, administrativos y otros trabajadores al servicio del transporte, así como las compras de los suministros necesarios para las operaciones continuas incluidos los carburantes, energía eléctrica, las piezas de mantenimiento, materiales, etc. por lo que la inversión en transporte público generan directamente a corto plazo a la sociedad en general así como a la imagen urbana de la zona, el paisaje urbano, la señalización y la atracción de turismo atrae población flotante a la zona incrementando con esto la economía e impactando a los negocios y a la forma de vida urbana, además de la creación de puestos de trabajo abajo así como las compras de productos que impactan sobre la actividad comercial e industrial.

Las fuentes de financiamiento y el apoyo gubernamental no es tan relevante como el flujo de dinero por los servicios prestados por el transporte, Desde el punto de vista del análisis del impacto económico, la inversión todavía puede dar lugar a cambios reales en la economía de algunas industrias y áreas comerciales, esto también es importante de evaluar como consecuencia del transporte.

La Información usada en esta investigación sobre el impacto económico en los negocios generado por el transporte es proporcionado por las fuentes:

1.-Instituto Nacional de Geografía y Estadística (INEGI), quien publica datos sobre censos, anuarios estadísticos, índices de precios, índices de bienestar de la población etc. en Los Estados Unidos Mexicanos, www.inegi.org.mx

Impacto Económico en los Negocios, Originado por el Sistema de Transporte Publico "Mexibus", en Cd. Nezahualcóyotl, Edo. de México

2013

2.-Secretaria de Comunicaciones y Transportes, genera información referente a los transportes y publica información referente al transporte http://www.sct.gob.mx/

3.-Gobierno del Estado de México y del Municipio de Nezahualcóyotl, que es la información que sirvió de base para este estudio sobre el impacto económico y el gasto en transporte en la región, el empleo y los ingresos.

El proceso de análisis del impacto económico en los negocios se llevó a cabo mediante la comparación de dos escenarios.

(1) un caso base (escenario actual), en el que el transporte público y el número de usuarios crece a un ritmo del 2.4% anual a partir de 2012 a y hasta el 2030 con una inversión continua siguiendo las tendencias recientes, y

(2) El incremento al 100% de pasajeros, escenario en el que los gastos anuales en transporte se incrementa en $ 13 millones / año (constantes de 2012), lo que plantea el crecimiento de pasajeros del transporte público a una tasa de 3.5% por año durante ese mismo período de tiempo.

La diferencia entre estos dos escenarios aumenta con el tiempo y se acumula, por lo que el escenario de la inversión en transporte público lleva a más viajes en el año 2030.

Impacto Total en la Economía y la Productividad de los Negocios

Como resultado un mayor acceso al mercado de trabajo y la reducción de primas salariales. También explica la reducción de la demanda de gasolina y otros productos derivados bajo la alternativa de invertir más en el transporte público.

Además, el modelo toma en cuenta los efectos en los proveedores, y asume que los efectos indirectos e inducidos de los cambios en los costos pueden conducir a reasignaciones entre sectores de la industria local en lugar de los efectos multiplicadores del crecimiento.

Los impactos económicos estimados se basan en una serie de supuestos debido al gran número de datos necesarios, estos resultados deben ser interpretados como unas estimaciones dadas las limitaciones de tiempo disponible para el levantamiento y la observación de datos. Sin embargo, También puede verse como ilustrativa de una metodología que puede aplicarse en el futuro como fuente de información y mejorar los pronósticos de escenarios disponibles.

En total, las estimaciones del impacto económico indican un posible aumento en el PIB de la zona que pasaría de $47,741 actual a más de $ 50 millones/año e incrementándose hasta el año 2030.

Que representa 1.8 veces la inversión inicial. Podría ser incluso mayor en la medida en que la productividad y menores costos de las empresas, pueda hacer que algunos de los productos o servicios sean más competitivos, generando incluso más ingresos y un mayor crecimiento económico.

Los futuros incrementos del PIB también significan mayores ingresos para los trabajadores y más puestos de trabajo, el aumento del PIB para el año 2030 es equivalente a cerca de 2,000 puestos de trabajo más. Sin embargo, la cantidad real de empleos dependerá en gran medida de las futuras tasas de desempleo en el resto de la zona, el crecimiento de la fuerza laboral y los cambios en la inversión en transporte público, ajustado la inflación y las tasas de incremento salarial, así como la competitividad de las empresas en los mercados.

CAPITULO V Propuesta de Solución

Propuesta de solución.

Dada la gran diferencia en las definiciones de entrada de datos y la presentación de los resultados encontrados entre varios modelos, desarrollamos una propuesta coherente que sigua las ocho directrices anteriores y proporcione una base para ver el contexto de los modelos individuales y los estudios de investigación similares.

Base para el análisis predictivo, dicho modelo deberá cumplir con:

(a) permitir la entrada de datos que incluya al conjunto de factores de impacto del transporte en los negocios citados en la Tabla 1.

(b) permitir la presentación de los resultados en términos de medidas claramente articulados como se definen en la Tabla 3.

(c) proporcionar modularidad para permitir el uso de cualquier modelo de demanda y la aplicación de herramientas de accesos a los mercados y la generación de modelos que pueden utilizar las entradas pertinentes.

El enfoque desarrollado en esta investigación para resolver las consideraciones anteriores es un sistema basado en la web llamada IMECOST (Impacto Económico Originado por el Sistemas de Transporte).

Basado en una arquitectura modular mostrada en la figura 1, diseñada para trabajar con diferentes modos de transporte, incluye los tipos de factores identificados en el diagrama de flujo. Este enfoque incorpora las siguientes características de diseño:

El enfoque en la determinación del impacto económico en los negocios originado por el transporte.

Expresa una relación entre el crecimiento económico regional y los cambios en el acceso a mercados y niveles de costos así como la calidad del mercado (Diversidad, especialización, etc.), debido a las diferencias y las necesidades de transporte, como por la ubicación, y a los cambios en el tamaño del mercado, en el modo de transporte, de carga de materia prima, los tiempos de viaje, los gastos de desplazamiento, factores de confiabilidad y seguridad que varían según el tipo de industria y la ubicación.

Modelo para medir el impacto económico en los negocios originado por el transporte:

$$S_a^h = \frac{D_{ab}}{1+\sqrt{\frac{P_b}{P_a}}}$$

Sah es el área de impacto económico en los negocios originado por el transporte a lo largo de la ruta

D es la distancia de la zona de impacto entre las poblaciones

Impacto Económico en los Negocios, Originado por el Sistema de Transporte Publico
"Mexibus", en Cd. Nezahualcóyotl, Edo. de México
| **2013**

P es la población, el número de negocios o el numero de empleos en el área a o b

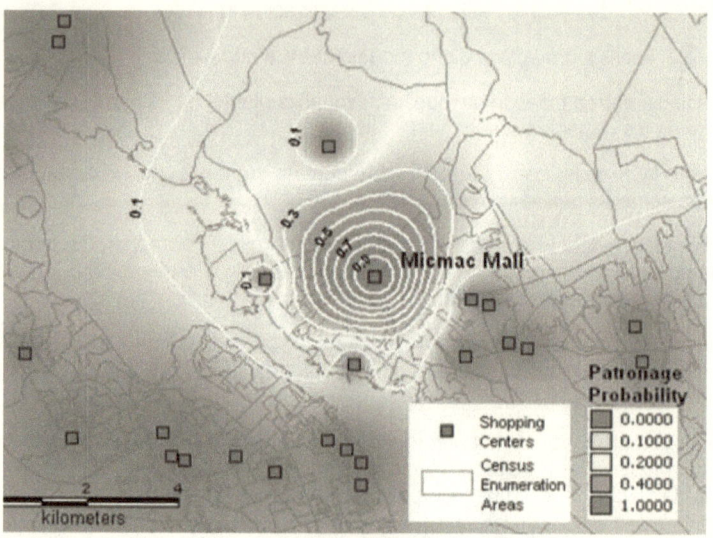

Zona de influencia

Las variables incluidas en esta ecuación indican que el impacto del transporte en la economía puede depender de tres tipos de mercados el laboral, el suministro de materiales y los clientes y de tres tipos de características del mercado: el tamaño, el costo, la calidad y la variación en el modo de transporte por industria y producto.

En conjunto, representan el rango de factores relevantes para la evaluación del impacto económico originado por transporte.

El objetivo de este enfoque, es disponer de interfaces para la captura de datos multimodales, para asegurar que se cuenta con una idea sobre los efectos del proyecto de transporte en los negocios.

En su uso se es libre para simular algunos impactos de un modo de transporte ocasionado por el uso de otros modos inexistente en el momento de la definición de resultados "que pasa si", como resultado de la elección de un modelo definido o de varios.

Este modelo facilita el uso de datos de diferentes fuentes, como el uso de estadísticas oficiales y de encuestas de tráfico, datos geoespaciales y vectoriales.

Cálculo, Para medir el impacto económico en los negocios originado por el sistema de transporte multimodal y el planteamiento de los beneficios globales desde diversas perspectivas, implica tres elementos:

(1) El modelo, está diseñado para que se pueda utilizar información de cualquier modelo de simulación de transporte de otro software, hojas de cálculo, modelos para estimar los cambios en el uso y las características de los viajes por carretera, ferrocarril, aire y / o marítimo.

(2) El modelo, permite la vinculación con cualquier sistema de información geográfica para análisis de los cambios en la accesibilidad a los mercados por carretera y las instalaciones intermodales.

(3) El modelo, permite ser alimentado con datos de cualquier modelo económico regional y fuente de información de flujos de mercancías.

Modelo de Costo Horario del Transporte

Las tarifas de transporte se definen por medio del costo horario; es decir, el costo del transporte se conforma de los gastos fijos (necesarios) y de los gastos variables, que dependerán del uso del autobús, además de los costos de consumo y de operación.

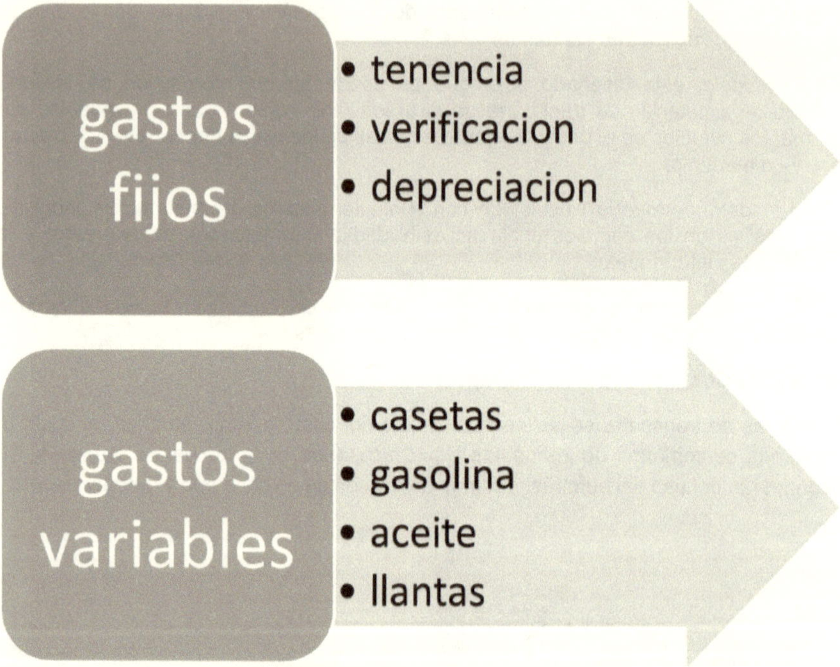

gastos fijos
- tenencia
- verificacion
- depreciacion

gastos variables
- casetas
- gasolina
- aceite
- llantas

Por lo que cualquier variación en el tiempo de recorrido altera el costo horario (el costo del autobús por cada hora de uso) como se muestra en la propuesta para el cálculo del impacto económico de los negocios, específicamente en las empresas de transporte, como incremento o decremento a los costos.

Las encuestas indican que los usuarios del transporte publico en los corredores indicados destinan en promedio 1 hora y 27 minutos para realizar el recorrido en horas pico a bordo de unidades de transporte que circulan a una velocidad promedio de 12.4 Kilómetros por hora, por lo que el modelo de impacto seria:

Minimizar Ch

$$\sum_{i=1}^{n}(CFi + CVi + COi)$$

Sujeto a CFi + CVi + COi < Chi-1

Impacto Económico en los Negocios, Originado por el Sistema de Transporte Publico "Mexibus", en Cd. Nezahualcóyotl, Edo. de México

2013

Calculo de une ejemplo y corrida en forma tabular:

Costo Horario de Autobus BRT

CARGO FIJOS

Nombre	Formula	Sustitucion	Precio
Depreciacion	(V.adquicicion - V.rescate)/ Ve	(450,000 - .1) / 18000	$35.00
Interes	(V.adquicicion x i)/ Ve	(450,000 * .01) / 18000	$0.35
Seguro	(V.adquicicion x Ts %)/ Ve	(450.000 * .02) / 18000	$0.70

	TOTAL GASTOS FIJOS =	**$36.05** / por hora	

CARGOS VARIABLES

Nombre	Formula	Sustitucion	Precio
Combustible	(Hp * $ precio * Fac.operativo)	(500 * $10 * 0.001)*60	$300.00
Aceite	(Hp * $ precio * Fac.operativo)	(500* $35* 0.001)	$17.50
Grasa	(Hp * $ precio * Fac.operativo)	(500 * $40 * 0.001)	$20.00
Mantenimiento	(Depreciacion * 5%)	($35 * 1.75)	$61.25
Depreciacion de llantas	(Llantas * $ costo) / Ve	(10 * $5000) / 400	$125.00

	TOTAL GASTOS VARIABLES =	**$523.75** / por hora	

CARGOS DE OPERACIÓN

Nombre	Formula	Sustitucion	Precio
Operadores	((# de operadores*sueldo/dia)*eficiencia)/Hrs.de trabajo	((1* $600)*.90)/8 Hrs.	$67.50

	TOTAL GASTOS DE OPERACIÓN =	**$67.50** / por hora	

GASTO TOTAL DE UN VEHICULO POR HORA = $627.30

Se encontró corredores viales que no superan en promedio 10 kilómetros por hora como:

				Valor Anual del Tiempo Perdido			
Municipio de Origen	Ruta	Tramo	Tiempo con BRT en Hr.	Tiempo en Transporte Publico Actual	Ahorro de tiempo en Hr.	Ahorro en Transporte	Costo horiario de transporte publico
Ecatepec de Morelos	44-04	Av. 30-30 Indios Verdes	1	1.45	0.45	$ 282.29	$ 627.30
Nezahualcoyotl	8	Nezahualcoyotl Metro Pantitlan	0.3	04:48	0.9	$ 564.57	$ 627.30
Tlanepantla de Baz	17	Tlanepantla-Metro Tacuba	0.24	13:12	0.31	$ 194.46	$ 627.30
Naucalpan de Juarez	14	Naucalpan Metro Cuatro Caminos	0.2	03:36	0.95	$ 595.94	$ 627.30
Chimalhuacan	144	Chimalhuacan Metro Pantitlan	0.36	12:00	1.14	$ 715.12	$ 627.30
Cuautitlan Izcalli	27	Cuautitlan Metro Toreo	1	09:36	0.4	$ 250.92	$ 627.30
La Paz	107	La Paz Metro Puebla	0.43	06:43	0.85	$ 533.21	$ 627.30
Coacalco de Berriozabal	27	San Cristobal Lecheria	0.48	04:48	0.72	$ 451.66	$ 627.30
Iztapalapa	COPESA	Canal de Chalco Metro Tacubaya	1.12	13:55	0.46	$ 288.56	$ 627.30
Gustavo A. Madero	2	Aragon Metro Chapultepec	0.43	07:12	1.87	$ 1,173.05	$ 627.30
Gustavo A. Madero	COVILSA	Metro Indios Vedes Metro Auditorio	0.31	07:12	0.99	$ 621.03	$ 627.30
Alvaro Obregon	2	Metro Chapultepec San Angel	0.24	00:00	0.76	$ 476.75	$ 627.30
Tlalpan	1	Hospitales Metro Pino Zuarez	0.48	06:00	0.77	$ 483.02	$ 627.30
Coyoacan	COVITENI	Av Escuela Medico Naval CTM El Risco	0.47	00:00	1.53	$ 959.77	$ 627.30
Cuauhtemoc	ECOBUS	Metro Balderas Santa Fe	0.43	08:24	0.92	$ 577.12	$ 627.30
		Sumas	7.49	20.51	13.02	$ 8,167.45	

Procurando vialidades de transito calmado, se trata que la gente pueda circular a menor velocidad logrando con ello menor contaminación y una reducción de accidentes y ahorro de combustible.

Estos elementos siguen básicamente el Figura 1 que es la estructura mostrada en el diagrama de flujo.

Un uso importante de la modularidad y los vínculos dentro de este modelo es permitir una capacidad de rastrear cálculos e impactos intermedios.

Salida, El modelo tiene una estructura para reportar los impactos del desarrollo económico y beneficio / costo en un formato coherente y claro. Está diseñado para distinguir los impactos con diferencias de medición desde una perspectiva local, estatal y nacional, está diseñado para diferenciar medidas de impacto en el desarrollo económico y el análisis de costo-beneficio, utilizando el formato en la Tabla 3.

La presencia de diversos puntos de vista alterativas en una página pretende ayudan a los analistas evitar confundir la interpretación de cualquier medida de efecto simple y medir el impacto económico local.

El objetivo es desarrollar una metodología para cuantificar el impacto económico que el sistema de transporte "MEXIBUS" origina en los negocios y en la plusvalía urbana, para concientizar a los beneficiarios e integrarse a la construcción de una sociedad más participativa y comprometida con la sociedad, examinando la amplia gama de métodos de análisis y herramientas informáticas utilizadas por las administraciones y sus consultores para estimar los impactos económicos regionales de los proyectos de transporte propuestos.

Impacto Económico en los Negocios, Originado por el Sistema de Transporte Publico "Mexibus", en Cd. Nezahualcóyotl, Edo. de México

2013

Es importante tener en cuenta que siempre ha habido diferencias entre la realidad, nuestras teorías para explicarlo, la investigación empírica y las herramientas utilizadas para las decisiones políticas. Una variedad de la observación de cálculo, los datos y las limitaciones de recursos también entran en juego para exigir la simplificación en la investigación empírica y el análisis de las herramientas utilizadas.
Mientras que la presencia de estas lagunas puede ser comprensible, todavía es importante para identificar su naturaleza y el potencial de error que pueden introducir en los modelos predictivos que se utilizan para la política de toma de decisiones.

Existen diferencias en los objetivos de la investigación académica y modelos aplicados que son importantes para reconocer como parte de cualquier evaluación de los modelos predictivos. Por ejemplo, hay líneas de investigación que demuestran una relación general entre los niveles de inversión de transporte y las tasas de crecimiento económico (por ejemplo, Nadiri y Mamuneas 1998), y una relación entre la presencia de la carretera y el crecimiento localizado (por ejemplo, Isserman y Refán 1995).

Esta investigación demuestra que la inversión en el transporte puede marcar la diferencia en el crecimiento y el deterioro económico de una nación es útil además para las oficinas de planeación del transporte que proponga alternativas sobre la inversión de un presupuesto de mejora de transporte determinado.

Para las oficinas encargadas del transporte, existe la necesidad y el interés en la evaluación de los impactos regionales de desarrollo económico así como la eficiencia de los viajes y los impactos ambientales de las carreteras de los ferrocarriles, de los aeropuertos y de los puertos marítimos.

Se reconoce que los impactos económicos regionales puede variar mucho dependiendo de la forma y la ubicación de las instalaciones propuestas, y los tipos de cambios que pueden tener en los tiempos de viaje, costos, accesibilidad, fiabilidad y conectividad de las rutas y servicios.

Durante los últimos 25 años, los organismos de planeación del transporte han utilizado modelos y herramientas informáticas para calcular los impactos económicos de los proyectos de transporte en la comunidad.

La premisa fundamental es que los modelos de cálculo utilizados para la toma de decisiones deben ser sensibles a los factores causales y a los elementos de impacto conocido para hacer una diferencia en el efecto de los proyectos de transporte en el crecimiento económico regional y el desarrollo social.

Mientras que la investigación empírica no puede determinar la estructura óptima de ecuaciones para todas las relaciones causales, no es mejor para las oficinas de planeación del transporte, que la omisión total de los factores importantes es aún imprecisa y puede producir errores en la evaluación de las propuestas de proyectos.

Ha habido omisiones significativas en la cobertura de acceso a importantes impactos relacionados con el transporte, aunque los modelos más recientes están cerrando esa brecha, también se encuentra que a menudo hay confusión en la interpretación de los resultados económicos, particularmente en el cálculo del impacto del crecimiento económico.

Los hallazgos encontrados apuntaran a la construcción de un marco general que permita organizar los datos y presentar los resultados de una manera consistente.

Hay otras cuestiones pendientes relativas a los modelos predictivos del impacto económico, incluyendo la validez de su estructura y que subyace a los modelos econométricos empíricos para predecir el impacto en el desarrollo económico de los proyectos de transporte, así como las consecuencias de la mezcla de los modelos estáticos de asignación de transporte con simulaciones dinámicas

Hay también cuestiones relativas a la exactitud de las previsiones de impacto económico, el primer paso, debe ser evaluar qué tan bien los factores causales y las información de acceso está incluida en los modelos para el cálculo del impacto económico originado por el transporte.

Después de todo, si los modelos existentes omiten factores importantes, su utilidad será limitada, incluso si terminan siendo preciso en algunos casos.

Si bien, esta investigación traza la evolución de los métodos de cálculo utilizados para estimar o predecir el impacto económico de los negocios, originado por la implementación de rutas de transporte, también desarrolla un sistema que adecuado al estudio del impacto económico en los negocios, originado por el sistema de transporte publico Mexibus, en Cd. Nezahualcóyotl, Edo. de México, y mejora los resultados, la captura de los datos de entrada y los datos y reportes de salida.

La inversión en transporte público amplía la movilidad y mejora el nivel de bienestar que afecta a la economía mediante:

• El ahorro de costos de los viajes y la depreciación del vehículo que conduce a cambios en los gasto de los consumidores.

• Reducción de la congestión del tráfico, dando lugar a un mayor ahorro de costos directos de viajes para las entregas de materia prima a las empresas y los usuarios.

• Ahorro de costos operativos asociados con los salarios de los trabajadores.

• La productividad empresarial asociada con los accesos a los mercados de trabajo y de consumo, con demandas más diversas.

• Crecimiento adicional de negocios en la zona en estudio originado por los impactos indirectos a las empresas, el acceso a los suministros y los efectos sobre los salarios de los trabajadores.

Además de otros impactos que pueden afectar en forma positiva o negativa la productividad y la competitividad en los negocios.

Esta investigación define el impacto económico en los negocios originado por el transporte y no la relación costo / beneficio del proyecto.

Específicamente, los estudios del impacto económico en los negocios originado por el transporte toman en cuenta los impactos sociales que no se incluyen en los estudios de costo / beneficio, a pesar de que si tienen en cuenta el crecimiento económico indirecto e inducido que por lo general no se incluyen en los estudios de costo / beneficio, sobre todo, los ahorros personales de tiempo, la inclusión de estos beneficios generara un mayor beneficio social por la inversión en transporte público.

Interpretación de los Resultados

Esta investigación muestra la naturaleza del impacto económico en los negocios generado por el transporte Mexibús a largo plazo como resultado del incremento de la movilidad en la zona, en la interpretación de los resultados es importante notar cuatro aspectos.

• En primer lugar, estas estimaciones del impacto incluyen sólo el efecto a un plazo mayor a un año; son adicionales a los efectos de la inversión y a los gastos de operación.

• En segundo lugar, las estimaciones pueden considerarse conservadoras, ya que no incluyen los impactos probables de ahorro de costos adicionales asociados con la reducción de gastos de estacionamiento y las reducciones del tránsito ocasionadas por el uso del transporte privado, y sólo incluyen una parte de los posibles impactos en los negocios.

• En tercer lugar, los beneficios por un mayor uso del transporte público además de reducir la congestión del tráfico puede crecer con el tiempo por la mejora en la economía de las personas con acceso a la adquisición y compra de un vehículo, de modo que a largo plazo los efectos será necesario actualizarlos.

• En cuarto lugar, esta investigación sólo toma en cuenta los impactos económicos sobre el flujo de dinero en la economía. No incluye beneficios ambientales, beneficios sociales para los hogares, o cualquier otra clase de beneficio que no afecta directamente el flujo de dinero en la economía. Sería necesario un análisis de costo beneficio para evaluar e incluir también otros impactos adicionales.

También es importante señalar que los impactos económicos que se muestran aquí se aplican a un conjunto de escenarios ilustrativos, que son útiles para demostrar el impacto económico que está en juego asociado a las futuras inversiones en transporte público. Mirando hacia el futuro, existe una clara necesidad de considerar escenarios adicionales para medir el impacto en los negocios generado por el transporte, y examinar también los efectos económicos de otras opciones alternativas de financiamiento.

Es importante reconocer que el transporte tiene una amplia gama de beneficios y otros costos que no se tratan en esta investigación.

Estos incluyen los siguientes:

• Finanzas: Las tarifas del transporte público y los subsidios gubernamentales. Las inversiones de capital y los costos operativos del transporte que son pagados a través de una serie de mecanismos que varían de ciudad a ciudad. Como el subsidio a las tarifas, el uso de los fondos e impuestos a la gasolina y otros mecanismos locales y estatales con costos preferenciales. Estos subsidios deben ser considerados en los estudios de costo-beneficio. Las diferentes opciones para la recaudación de fondos también tienen impactos muy divergentes en los distintos sectores económicos y grupos de la población, que también pueden ser objeto de estudio. Sin embargo, esas cuestiones no son tratadas en esta investigación, ya que el objetivo de la investigación es medir el impacto económico en los negocios originado por la inversión en el transporte sin subsidios y considerando la inversión en el transporte sin esas consideraciones.

• Beneficios sociales. Las inversiones en transporte también puede conducir a una amplia gama de beneficios sociales que son también valorados por los residentes de las áreas afectadas. Estos pueden incluir los impactos sobre el uso de energía, la calidad del aire, las emisiones de carbono, el impacto en la salud, la equidad y los costos asociados con el uso de la tierra y los patrones de desarrollo. Todos estos diversos tipos de impacto, a menudo denominados como los impactos externos, se pueden considerar en los estudios de costo-beneficio. Sin embargo, es importante señalar que muchos o la mayoría de estos impactos exteriores se valoran y no afectan directamente a los flujos de ingresos en la economía. En consecuencia, estos impactos no son abordado en esta investigación, ya que esta investigación pretende centrarse en el tema de cómo la inversión pública y el gasto en el transporte afecta a la generación de puestos de trabajo y el flujo de ingresos en la los negocios en una zona específica.

Proceso de Cálculo y Actualización

Necesidad de actualización. Los valores indicados en esta investigación representan el estimado del impacto en los negocios generado por el transporte público, en el empleo y el crecimiento económico a partir del 2012. Los valores también se pueden aplicar para el año 2013 fecha en que inicia operaciones el sistema de transporte público MEXIBUS, Para los años siguientes, es necesario actualizar los números. Hay dos razones básicas por las que estos valores no se deben utilizar en los próximos años sin actualizar:

• En primer lugar, la proporción entre el monto de la inversión y los empleos generados seguirá aumentando con el tiempo, el poder de compra del peso erosionando por la inflación, por el nivel salarial y los costos de las refacciones en pesos y los consumos. Este mismo patrón de cambio es válido para cualquier tipo de gasto, que significa que a medida que los salarios aumentan debido a la inflación, cada millón de pesos invertido en el transporte apoyará menos puestos de trabajo. El resultado es que el impacto en el empleo será diferente, dependiendo de la situación de la economía mundial y del año en que se realice el estudio.

• En segundo lugar, el uso de la tecnología - que automatiza procesos y que afecta la generación del empleo, mientras que la necesidad de trabajadores manuales caer en el tiempo. La estimación y las tendencias en el empleo, hace que se diferencien en función del año en que el análisis se lleva a cabo.

Los valores indicados en esta investigación se basan principalmente en el 2012, los precios de los bienes, servicios y los gastos de operación a actualizar en el análisis para los años futuros, es necesario utilizar índices de precios al productor (IPP) para la actualización de:

• Fabricación de camiones pesados y autobuses;

• Equipo eléctrico (usado como la medida más cercana disponible de inflación para autobuses y sistemas de control);

• Vialidades y superficie de rodamiento (usado como la medida más cercana disponible de la inflación en el costo de derecho de vía y la construcción de carriles confinados);

• Construcción y mantenimiento de edificios, estaciones y terminales (usado como la medida más cercana disponible de inflación en el costo de la terminal y la construcción de edificios de mantenimiento).

La serie de IPP se puede utilizar de dos maneras. En primer lugar, proporcionan una base para el ajuste de la relación de puestos de trabajo creados por cada peso de gasto en cada una de estas categorías. En segundo lugar, proporcionar una base para la comparación entre (a) el resultado general y la inflación de precios, y (b) los incrementos en los costos de construcción y de equipo. En los últimos años, éste ha tendido a aumentar más rápido que el primero.

Necesidades Futuras de Investigación.

Esta investigación presenta una metodología y muestra cómo se puede utilizar para estimar los impactos económicos en los negocios generados por la inversión en transporte. El enfoque general también se puede aplicar para estudios locales y regionales: (1) el modelo de impacto económico se debe aplicar dentro del contexto nacional de desarrollo, (2) los datos aplicables, uso del transporte, los tiempos de viaje y los costos se deben aplicar en el lugar específico donde se da el transporte, y (3) los impactos sobre la propiedad del automóvil no deben incluirse a menos que la opción de usar el transporte público sea posible.

También hay una necesidad que queda para futuras investigaciones a nivel nacional, para mejorar la información y llevar a cabo estudios futuros de estas cuestiones. Por ejemplo, hacer una comparación más equilibrada del impacto económico relativo a la inversión en modos alternativos de transporte, puede ser útil considerar cómo el gasto en transporte afecta al empleo teniendo en cuenta la inversión y el gasto, incluyendo una participación en la inversión mixta por las agencias federales, agencias estatales, iniciativa privada y las empresas beneficiadas como proyectos concesionados o llave en mano. Después de todo, la mayoría de los fondos federales y estatales que se recaudan como impuestos y derechos en última instancia proviene de los trabajadores y de los residentes. Este nuevo cálculo se puede hacer considerando el número promedio de puestos de trabajo apoyado por cada peso de inversión por cada modalidad de transporte, donde ese promedio cubra todas las formas de gasto público y privado además de la plusvalía generada por el transporte en la tenencia de la tierra que genera aumento en los impuestos catastrales.

Si se adopta este enfoque, entonces se reconoce que la construcción de carreteras también es indispensable para el transporte, permitiendo mejores servicios. El enfoque también reconoce el potencial del transporte para modificar el desarrollo de las ciudades, su imagen y la construcción de un espacio urbano amable con la población y con el medio ambiente asociado a la disminución de compra de automóviles particulares, y redirigir esos ahorros en otras formas de viaje.

Impacto Económico directo, indirecto e inducido, el mayor impacto de desarrollo económico se genera y se calcula a través de una serie de pasos. En primer lugar, los impactos directos que son identificados como parte de los gastos directas o como beneficios de mejora provocados por el transporte que conducen a la expansión de la actividad empresarial en el área de estudio.

El aumento de la actividad empresarial para empresas directamente afectadas que conduce a un crecimiento aún mayor, ya que: (1) requiere más suministros para ser comparado, y (2) requiere más trabajadores a ser contratados y pagados. Eso, a su vez, conduce a (3) un crecimiento de proveedores aún más significativo y el incremento de las compras de materiales y más puestos de trabajo. Además, (4) los ingresos del trabajador que adiciona el gasto en compras. La actividad estimula la economía relacionada con los proveedores y que se refiere como el "efecto indirecto" y de las actividades económicas relacionadas y el estímulo al trabajador y el gasto en compras como un "efecto inducido".

En resumen, junto a los efectos directos, indirectos e inducidos se proporciona una visión global de la actividad económica relacionada con el crecimiento del negocio debido a las actividades del transporte. El impacto total sobre el crecimiento de la economía en cualquier región dada puede medirse en términos de la producción regional (ventas del comercio), el producto regional bruto (valor agregado), los salarios (ingresos personales), y en puestos de trabajo (empleo).

El modelo descrito aquí ha sido utilizado como una base para la organización de los datos, para el modelado y la generación de resultados del análisis y de estudios sobre el impacto económico en los negocios, ocasionado por el transporte. Sin embargo, incluso con este modelo básico como punto de partida, hay necesidad por mejorar el modelo, la dinámica y la interacción de los factores de impacto económico en los negocios originados por el transporte. Por ejemplo, la integración de un modelo de demanda de viajes con un modelo económico dinámico que puede despejar sesgos en las previsiones del impacto económico.

Por otro lado, los modelos de demanda de viajes que utilizan sólo los datos promedio diarios y subestimar impactos asociados a las condiciones de observaciones más severas. Más importante aún, es proporcionar una base de partida para ayudar a para organizar el modelado y el conocimiento acerca de los impactos económicos naturales que pueden dar como consecuencia una mejora en el transporte.

Conclusiones y Recomendaciones

La inversión de capital en el transporte público (incluidas las compras de vehículos y equipo, y el desarrollo de infraestructura e instalaciones de apoyo) es una fuente importante de empleos. El análisis indica que 200 puestos de trabajo están soportados por año, por cada millón de pesos de gasto público en el transporte.

Las operaciones de transporte público (es decir, de gestión, operación y mantenimiento de los vehículos e instalaciones) es también una fuente importante de puestos de trabajo.

A corto plazo por cada millón de pesos de inversión en transporte público incluyendo los efectos indirectos e inducidos se origina:

A. Los efectos indirectos e inducidos incluyen impactos en las industrias adicionales, que proporcionan un multiplicador de impacto sobre la creación de empleos, sólo en la medida que hay suficiente para absorber el desempleo.

B. El promedio de impacto refleja una mezcla de 29% de las acciones y el 71% de los gastos operativos. Debido a una mezcla de 69% del capital y el 31% de la pensión alimenticia (las operaciones). La inversión en transporte público se amplía al servicio y a la movilidad de la economía y puede afectar a la economía mediante:

• Los viajes y el ahorro de costos para el transporte público, los pasajeros y las personas que cambian de automóviles, y conduce a cambios en los gasto de los consumidores con costos horario mas bajos.

• Reducción de la congestión del tráfico, para los que viajan, dando lugar a un mayor ahorro de costos directos de viajes para las empresas y los hogares;

• Ahorro de costos operativos asociados con los salarios de los trabajadores, la fiabilidad y la reducción de la congestión;

• La productividad empresarial adquirida por acceso a mercados de trabajo más amplios, con capacidad de consumo más diversas;

• Un crecimiento adicional de negocios permitiendo impactos en las empresas y los efectos inducidos sobre el gasto de los salarios de los trabajadores, el ahorro de costos horarios y otros impactos en la productividad y competitividad en los mercados internacionales.

Este informe presenta una metodología para el cálculo de dichos impactos (calculado como costos horarios del equipo de transporte). Para ilustrar la magnitud de los impactos potenciales, se describen dos escenarios alternativos. la inversión pública en transporte, un "caso base" que mantiene a largo plazo las tendencias del transporte público, y un escenario que simula la inversión de cada año durante el período 2010-2030. El análisis estima cómo los tiempos de viaje y los costos, incluidos afecta la congestión y el cambio de transporte público.

Específicamente, los estudios de impacto económico no toman en cuenta algunos de los impactos sociales y ambientales que se incluyen en los estudios de costo / beneficio, a pesar de que tienen en cuenta el crecimiento económico indirecto e inducido, que por lo general no se incluyen en los estudios de costo / beneficio.

Esta investigación es un análisis cuantitativo y cualitativo sobre el Impacto Económico en los negocios, originado por el transporte Público específicamente en los costos horarios del equipo.

Las conclusiones son:

(1) El efecto de la inversión en transporte público, para crear puestos de trabajo inmediatos y los ingresos de transporte mediante el apoyo en la fabricación, construcción, obras públicas y actividades de mantenimiento;

(2) Los efectos a largo plazo de la inversión en transporte público, que permita una eficiencia económica y el impacto en la productividad como consecuencia de cambios en los tiempos de viaje, costos horarios y factores de acceso a mercados mas allá de la zona de influencia;

(3) El estudio de políticas de desarrollo económico y los impactos asociados con el transporte público.

Las operaciones de transporte público y de gestión, operación y mantenimiento de los vehículos e instalaciones es una fuente importante en la creación de ingresos por costos horarios y en fuentes de empleo.

Recomendaciones
La revisión de los modelos para cuantificar el impacto económico en los negocios, originado por el sistema de transporte conduce a una serie de conclusiones y recomendaciones.

Aumentar los estudios de investigación y de asistencia técnica para evaluar programas que modelen el impacto económico en los negocios, originado por el transporte, algunas empresas se muestran reacias a compartir los resultados, debido a la ventaja competitiva de sus negocios.

El establecimiento de una metodología para medir el cambio a tiempo real de los patrones de movilidad, permitirá la comparación de la eficacia relativa de las estrategias dadas, si la información se comparte con el mundo exterior. Los empleadores y las empresas de transporte se beneficiaran con el calculo de los costos horarios y sus ahorros, además de alentarlas y apoyarlas para utilizar el enfoque centrado en el costo.

Expandir los beneficios proporcionados por el transporte, en las empresas para invertir en estacionamientos.

Integrar, actualizar y distribuir los conocimientos generados, para estimar el impacto y los beneficios a las empresas.

La mera existencia de las herramientas analíticas, no significa que por sí mismas sean utilizados, o incluso saber que existen soluciones cuantificables, no es suficiente para convencer sobre la utilidad del modelo, es necesario el trabajo conjunto en forma paciencia.

El análisis muestra que la inversión en transporte público, tiene importantes impactos en la economía, y por lo tanto representan una política pública importante. Sin embargo, los impactos económicos no deben compararse con el valor de los beneficios sociales asociados con la inversión en transporte público, para reconocer el efecto a corto plazo del transporte público, así como los beneficios a largo plazo y la productividad económica ambos pueden ser útiles para la información y las decisiones de inversión en transporte público, si se contabilizan a tiempo real e implementando sistemas inteligentes para la adquisición de datos.

Bibliografía

ARC (1964) Appalachia: A report by the President's Appalachian Regional Commission. US Government Printing Office, Washington

Bedford T, Cooke R (2001) Uncertainty: A guide to dealing with uncertainty in quantitative risk and policy analysis. University of Cambridge Press, Cambridge

Blakely EJ, Bradshaw TK (2002) Human Resource Development, Chap. 9. In: Planning local economic development: theory and practice. Sage Publications, London

Bowersox DJ, Closs DJ (1996) Logistical management. the integrated supply chain process. McGraw-Hill, New York

Buckley P (1992) A transportation-oriented interregional computable general equilibrium model of the United States. Ann Reg Sci 26(4): 331–348

Cambridge Econometrics (2003) Transport infrastructure and policy macroeconomic analysis for the EU, European Commission

CATS (1962) Chicago area transportation study: transportation plan. Chicago Area Transportation Study, Chicago, IL

California Department of Transportation (1994) Internet guide to benefit-cost analysis in transportation.
http://www.dot.ca.gov/hq/tpp/offices/ote/Benefit_Cost

ChristallerW (1933) Central places in southern germany. Original German in 1933, translated by Charlisle

Baskin. Prentice-Hall, Englewood Chiffs Combes P-P, Lafourcade M (2005) Transport costs: measures, determinants, and regional policy implications for France. J Econ Geogr 3: 319–349

Conference Board of Canada (1994) Slave Province transportation corridor: economic impacts and taxation revenue, Northwest Territories Deptartment of Transportation

Echenique MH (1994) Urban and regional studies at the Martine Centre: its origin, its present, its future.

G. Weisbrod Economic Development Research Group and Cambridge Systematics (2001) Handbook for assessing economic opportunities from the completion of Appalachian Development Highways. Appalachian
Regional Commission, Washington http://www.arc.gov/images/reports/highway/ Handbook-Econ-Opps.pdf

Economic DevelopmentResearch Group (2004) Handbook: assessing local economic development opportunities with ARC-LEAP. Appalachian Regional Commission,Washington http://www.arc.gov/images/ reports/arcleap/ARC-LEAP_Handbook.pdf

Economic Development Research Group (2005) The cost of congestion to the Portland Region. Portland Business Alliance, Port of Portland and Metro, Portland http://www.portlandalliance.com/pdf/ Congestion_Report.pdf

Enright MJ (1996) Regional clusters and economic development: a research agenda. In: Staber U,

Schaefer N, SharmaB(eds) Business networks: prospects for regional development.Walter de Gruyter, New York

Forkenbrock D,Weisbrod G (2001) Guidebook for assessing social and economic effects of transportation projects, NCHRP Report 456. National Academy Press, New York

FHWA (1970) Benefits of Interstate Highways. Federal Highway Administration, Washington, DC

Fujita M, Krugman P, Venables A (2001) The spatial economy. Cambridge, MA

Highway Research Board (1966) Will model building and the computer solve our economic forecasting problems? Highway research record #149, pp 1–28

Horst T,Moore A (2003) Industrial diversity, economic development and highway investment in Louisiana,Transportation Research Record #1839, Transportation Research Board

Hunt JD, Abraham JE (2005) Design and implementation of PECAS: a generalized system for the allocation of economic production, exchange and consumption quantities. Chap. 11. In: Foundations of integrated land-use and transportationmodels: assumptions and newconceptual frameworks. Elsevier, London, pp 217–238

Isserman A, Rephan T (1995) The economic effects of theAppalachian Regional Commission : an empirical assessment of 26 years of regional development planning. APA J Summer pp 345–364

Ivanova O (2004) Evaluation of infrastructure welfare benefits in the Spatial Computable General Equilibrium (SCGE) Framework. Department of Economics, University of Oslo. http://www.oekonomi.uio.

Juri NR, Kockelman K (2006) Evaluation of the trans-texas corridor proposal: application and enhancements of the random utility based multiregional input–output model. J Trans Eng 132(7): 531–539

Kaliski J, Smith S, Weisbrod G (1999) Indiana's major corridor investment–benefit analysis system In: Proceedings of the seventh TRB conference on application of transportation planning methods
Krugman P (1991) Increasing returns and economic geography. J Pol Econ 99: 483–499

Krugman P (1995) Development, geography, and economic theory. MIT, Cambridge

Leontief W (1951) Input–output economics. Scientific American, pp 15–21

Lindall S, Olson D, Alward G (2005) Multi-regional models: the IMPLAN national trade flows model. In: Proceedings of the 2005 MCRSA/SRSA Meetings, Arlington VA, April

Lopes LP (2003) Border effect and effective transport cost. Faculty of Economics, University of Coimbra Portugal

Luskin D et al (1999) Facts and furphies in benefit–cost analysis: transport. Bureau of Transport Economics, Australia Deptartment of Transport of Regional Services, Report 100

Martino A et al (2005) Macro-economic impact of the white paper policies, Annex XII of ASSESS Final Report, DG TREN, European Commission, Brussels

Nadiri I, Mamuneas TP (1998) Contribution of highway capital to output and productivity growth in the US economy and industries. Prepared for Federal Highway Administration, Washington, DC

Parsons Brinckerhoff, Cambridge Systematics, and Regional Source Research Institute (1989) Summary report: CONEG high speed rail regional benefits study: a report on the benefits to the region of improved passenger rail service between Boston and New York, Council of Northeastern Governors High Speed Rail Task Force

Pignataro LJ (1998) Transportation economic and land use system. Transportation research record #1617, Transportation Research Board

Politano A, Roadifer C (1989) Regional economic impact model for highway systems. Transportation, Research Record 1229, Transportation Research Board
Schaffer W (1972) Estimating regional input–output coefficients. Rev Reg Stud 2(3) Models to predict the economic development impact of transportation projects 543

Shen G (1960) An input–output table with regional weights. Pap Reg Sci Assoc

Stokes RW, Pinnoi N, Washington EJ (1991) Economic development impacts of expenditures for state highway improvements in texas, Texas Transportation Institute for Texas DOT

Targa F, Clifton K, Mahmassani H (2005) Economic activity and transportation access: an econometric analysis of business spatial patterns. Transportation Research Record #1932, Transportation Research Board

Weber A (1929) Theory of the Location of Industries. translated by C. J. Friedrich. University of Chicago Press, Chicago

Weisbrod G, Beckwith J (1992) Measuring economic development benefits for highway decision-making: The Wisconsin case. Transp Q 46(1):57–79

Weisbrod G, Treyz F (1998) Productivity and accessibility: bridging project-specific and Macro-economic Analyses of Transportation Investments. J Trans Stat 1(3): 65–79

Weisbrod G, Vary D, Treyz G (2003) Measuring the economic costs of urban traffic congestion to business, Transportation Research Record #1839, Transportation Research Board, pp 98–106

Weiss M (2002) A brief history of economic development and highways. Paper presented at the TRB Conference on Transportation and Economic Development (TED2002), also published by the Federal Highway Administration web site at: http://www.fhwa.dot.gov/planning/econdev/edhist.htm

Wornum C et al (2005) Montana highway reconfiguration study, Cambridge Systematics Economic Development Research Group, ICF and SEH for the Montana Deptartment of Transportation. http://www.mdt.mt.gov/research/docs/reconfig/final_report.pdf

Anexos

Anexo A.- Listado de Software Comercial

PECAS es una propuesta generalizada para simular sistemas económicos espaciales. Está diseñado para proveer una simulación del componente del uso del suelo y de los sistemas de modelación que interactúan con el uso del transporte.

PECAS viene de las iniciales en inglés Production, Exchange and Consumption Allocation System. De manera general, el sistema utiliza una agregada, estructura equilibrada que separa los flujos de intercambios (incluyendo bienes, servicios, trabajo y espacio) yendo de la producción al consumo con base en coeficientes técnicos variables y un mercado claro con intercambio de precios. El sistema presenta una representación integrada de distintos mercados de manera espacial para el alto rango de intercambios, con el sistema de transporte y el desarrollo del espacio representados a mayor detalle con tratamientos específicos.

Los flujos de intercambio provenientes de la producción que van a las zonas de intercambio y de las zonas de intercambio al consumo son localizadas utilizando modelos lógicos anidados de acuerdo a los precios de intercambio y a los costos generalizados de transporte (expresados como utilidades de transporte con signos negativos). Esos flujos son convertidos en demandas de transporte que son asignadas a las redes en orden de determinar utilidades de viaje congestionadas. Los precios de intercambio determinados para el espacio informan el cálculo de cambios en el espacio mediante la simulación de las acciones del desarrollador. Las acciones del desarrollador son representadas cuando (a) el nivel de parcelas individuales del suelo o células de la red usando un tratamiento de microsimulación o (b) el nivel de zonas de uso de suelo usando un tratamiento de flujo agregado. El sistema es corrido para cada año siendo simulado, con las utilidades de viaje y cambios en el espacio para un año influenciando los flujos de intercambio para el siguiente año.

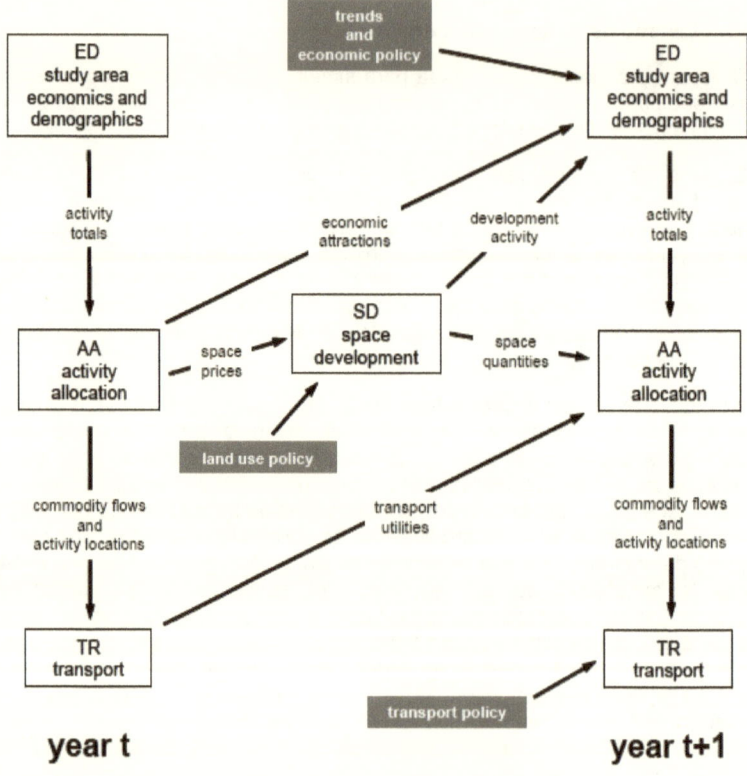

Figure 1: Modules and Information Flows Simulating Temporal Dynamics

Fig. 1 Módulos y Flujos de Información Simulando Dinámicas Temporales

Fuente: Hunt, J., (2009) "PECAS – for Spatial Economic Modelling". System Documentation Technical Memorandum . Calgary, Alberta.

TELUS son las iniciales de Transportation, Economic, and Land Use System. Este software desarrollado por el Departamento de Transporte de los Estados Unidos ayuda a las agencias de transporte a controlar sus procesos TIP y STIP.

Cada Organización de Planeación Metropolitana (Metropolitan Planning Organization MPO) y los Departamentos Estatales de Transporte (Department of transport DOT) tiene que decidir qué proyectos incluir en sus respectivos Programas de Mejoras al Transporte (Transportation Improvement Program TIP) y en el Programa Estatal de Mejoras al Transporte (State Transportation Improvement Program STIP). Estas decisiones están basadas en una variedad de factores, incluyendo la demanda futura de viaje, costos de los ciclos de proyectos de vida, cambios en el uso del suelo, crecimiento económico, así como los impactos ambientales.

De esta forma, TELUS es un sistema para la gestión de la información y soporte en la toma de decisiones altamente integrado que ayuda a los MPOs y a los DOTs a desarrollar sus programas de mejoras al transporte y a llevar a cabo otras responsabilidades en la planeación del transporte, particularmente, la participación pública en los procesos de planeación de transporte.

Entre los beneficios más importantes de TELUS se encuentran significantes ahorros en tiempo y costos para las agencias que gestionan la información de los programas TIPs y STIPs, acceso público a la información del proyecto vía Web, así como amigables herramientas de análisis para la evaluación y priorización del proyecto.

Fuente: To learn more about TELUS, including how to obtain a free copy of the software, visit the TELUS Web site at   http://www.telus-national.org.

Impacto Económico en los Negocios, Originado por el Sistema de Transporte Publico
"Mexibus", en Cd. Nezahualcóyotl, Edo. de México

2013

TELUM es un paquete de software para la modelación del uso del suelo que puede ser usado para evaluar los impactos al uso del suelo de los proyectos regionales de mejoras al transporte. Fue desarrollado bajo la garantía federal de TELUS como el único software de modelación en su ramo.

TELUM pronostica futuras locaciones para situar zonas para el establecimiento de viviendas y de centro de trabajo presentando una integrada herramienta SIG. De esta manera, además de pronosticar la demanda de la población para la utilización de zonas específicas en una región también calcula la cantidad de empleados y de población a ser reubicada así como la cantidad de suelo necesaria para las actividades de localización.

El paquete de software TELUM fue lanzado en enero del 2006. Fue recientemente implementado por la Pikes Peak Area COG en el otoño del 2006 como parte de su nuevo Plan de Transporte Regional. El software, el manual de usuario así como el tutorial pueden ser descargados de sitio web: http://www.telus-national.org/products/telum.htm

Dr. Lazar N. Spasovic. Director, TELUS Project. Tiernan Hall, Suite 287. New Jersey Institute of Technology. University Heights. Newark, NJ 07102

Understanding TELUM – Spatial Interaction Model

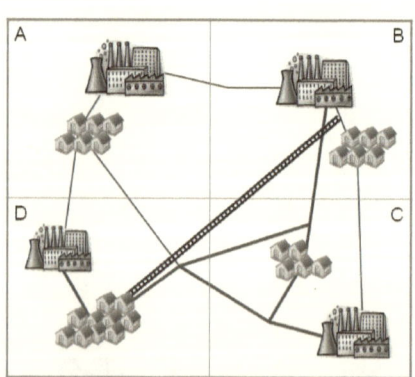

The new land use can then be used in a travel demand model as a basis for trip generation and trip distribution. In this example, the new locations of jobs and households will produce more travel on links connecting zones B, C, and D, including the new light-rail line.

Fig. 2 Nueva localización de Centro de Trabajo y Vivienda en función de los Programas de Transporte.

PINGO es un modelo económico regional SCGE (Spatial Computable General Equilibrium) diseñado para la economía de Noruega. El modelo de PINGO fue diseñado para la predicción de los flujos de transporte carga entre y dentro de distintas zonas así como de los efectos secundarios y de cambios en las tarifas de transporte y los desarrollos tecnológicos y en la infraestructura. La información de entrada es recolectada de estadísticas oficiales de conteos nacionales por condado, de estadísticas del sector transporte, y de los pronósticos de crecimiento de la población y ciertos factores socio- económicos.

El modelo de PINGO toma en cuenta como las variaciones geográficas en una población crecen y como los desarrollos industriales afectan los futuros flujos de cargas. La segunda versión de PINGO tiene una estructura mejorada del modelo coherente con el resto de los modelos de los sistemas nacionales para transporte de carga.

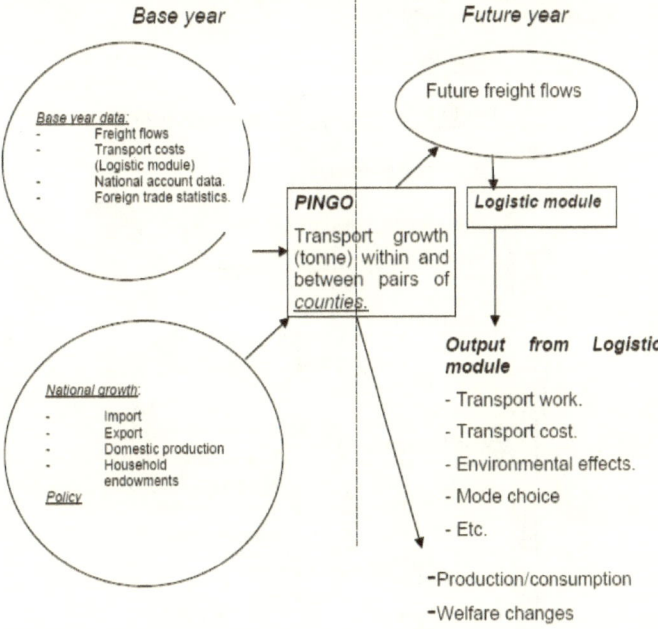

Fig. 3 Vista esquemática de los componentes del Sistema Modelo Nacional para el Transporte de Carga en Noruega con PINGO enfatizado.

FUENTE: Vold, Adril., (2007) "PINGO – A model for prediction of regional and interregional freight transport in Norway". Institute of Transport Economics. Oslo, Norway.

ASTRA es actualmente el más fuerte modelo cuando se necesita una evaluación integrada de los impactos de las estrategias de transporte en Europa. Hasta cierto punto, ninguna otra herramienta con este nivel de integración de transporte, entorno, tecnología y economía existe para el caso europeo. Por su puesto, otras herramientas proveen mayor detalle en sus campos específicos, pero dichas herramientas carecen de uno o varios de los elementos presentes en el modelo ASTRA.

ASTRA significa Evaluación de Estrategias de Transporte (ASsessment of TRAnsport strategies), y es un modelo de evaluación integrado aplicado para la evaluación estratégica de políticas en el transporte y el campo energético desde hace más de 10 años. ASTRA integra un modelo de flotas vehiculares, modelos de transporte, modelos de accidentes y emisiones, modelos de población, comercio exterior y modelos económicos, así como modelos de inversión del gobierno. El modelo se construye sobre repetidas simulaciones siguiendo el concepto dinámico del sistema y habilitando el poder correr escenarios hasta el 2050.

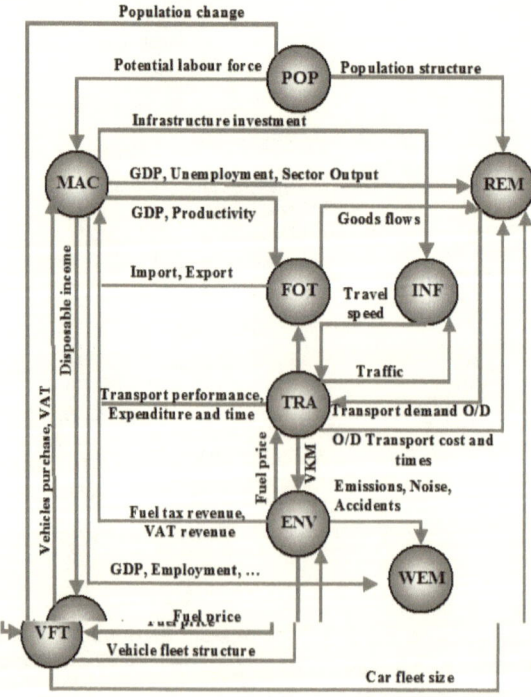

Fig. 4 Estructura del Diagrama de Flujo que muestra las bondades del modelo ASTRA

FUENTE: http://www.astra-model.eu/structure-overview.htm

REMI Policy Insight ® es probablemente el modelo más ampliamente aplicado para el análisis de políticas económico regionales en Norte América. El modelo integra entradas y salidas, equilibrio general, econometría y metodologías geo- económicas. Además, el modelo es dinámico. Los pronósticos y simulaciones, que reflejan las reacciones en las conductas de los salarios, precios, y otros factores económicos; son generados en una base anual. De esta forma, el modelo produce estimaciones año por año de los efectos totales de las políticas (estrategias) tales como niveles alternativos de inversión en la infraestructura.

Internamente, el modelo REMI está basado en miles de ecuaciones simultáneas que representan relaciones dinámicas e interacciones relacionadas con el tiempo y distancia. REMI da razón de: (1) sustitución de factores de producción en respuesta a los cambios en los relativos factores de costos; (2) reacciones de migración a los cambios en los ingresos esperados y acceso a las mercancías; (3) variaciones en el grado de participación laboral según cambios en las condiciones reales de salario y empleo; (4) variaciones en los salarios según cambios en el mercado; (5) variaciones en el consumo de la población según cambios en los precios reales de las mercancías; y (6) variaciones locales, regionales y nacionales en los mercados compartidos según cambios en los costos de producción regional y aglomeraciones económicas.

FUENTES:

REMI Policy Insight Version 8.0 Documentation, Regional Economic Models Inc., 2005. http://www.remi.com/downloads/PImodelV80.pdf

REMI Policy Insight Version 8.0 Users Guide, Regional Economic Models Inc., 2005. http://www.remi.com/downloads/PIuserV80.pdf

REMI Transight User Guide Version 8.0, Regional Economic Models Inc., 2003. http://www.remi.com/downloads/TranSight_User_Guide_v2.0.pdf

CGE significa Equilibrio General Computable (Computable General Equilibrium). Parámetros clave son establecidos para simular la conducta de de un modelo de reparto modal y un modelo de actividades de la industria del transporte. En el modo de simulación, el modelo CGE provee información económica clave para un análisis de los detalles de las tecnologías de transporte bajo restricciones políticas.

FUENTE: Shafer, A., (2003) "Technology Detail in a Multi-Sector CGE Model: Transport Under Climate Policy". Massachusetts Institute of Technology. Cambridge, MA.

LEAP es un sistema ganador de varios reconocimientos diseñado para:

    a) Ayudar a los economistas en la evaluación de las fortalezas y debilidades en su área,
    b) Identificar factores críticos conteniendo en crecimiento económico,
    c) Identificar oportunidades para atraer negocios, y
    d) Priorizar los objetivos para el desarrollo económico.

LEAP también puede ser visto como un grupo de herramientas integradas que proveen a los desarrolladores económicos de una habilidad sin precedentes para diagnosticar su la posición de su competitividad local y diseñar estrategias que fortalecerán la empresa eliminando las debilidades. LEAP ha ganado varios reconocimientos a nivel nacional como el del International Economic Development Council (IEDC) y del Council for Community and Exonomic Research (C2ER, formalmente ACCRA)

Fig. 5 LEAP – Local Economic Assessment Package

Por otra parte, EDR-LEAP ® es la nueva versión de LEAP la cual incluye un sistema con un software basado en una plataforma web y servicio de consulta de información. EDR-LEAP ® es propiedad del Economic Development Researh Group Inc. El sistema es usado por las agencias locales y regionales de desarrollo económico para:

    a) Completar los reportes CEDS (Comprehensive Economic Development Strategy),
    b) Priorizar los futuros planes para el mejoramiento del desarrollo económico,
    c) Evaluar al momento el rendimiento económico local,
    d) Fijar los esfuerzos para la atracción de oportunidades de negocios.

El sistema es aplicable para las áreas que buscan una mejor diversificación de sus economías, llegando a ser más atractivas para el crecimiento de las industrias, expandiendo la calidad y el nivel de pagos de los trabajos disponibles, reduciendo la dependencia de algunas industrias, o mejorando la estabilidad de los negocios al habilitar el soporte así como otras actividades complementarias.
EDR-LEAP y sus componentes han sido exitosamente aplicados en varios estados de Norteamérica, incluyendo Alabama, Colorado, Florida, Georgia, Indiana, New York,

Impacto Económico en los Negocios, Originado por el Sistema de Transporte Publico "Mexibus", en Cd. Nezahualcóyotl, Edo. de México

2013

Oregon y Tennessee. Además de haber sido adoptado por la Appalachian Regional Commission para ser usado por sus Local Development Districts así como otras organizaciones para el desarrollo económico sin fines de lucro en trece estados.

Fig. 6 EDR-LEAP model.

FUENTE: http://www.edrgroup.com/products/leap-local-economic-assessment-package/

Para más información sobre EDR-LEAP: http://www.leapmodel.com/product-info/capabilities/leap-trans.html

RUBMRIO es un modelo integrado por los factores económicos y de transporte que simula los flujos de bienes, trabajo, y vehículos a través de una área multiregional (por ejemplo: a través de 3109 condados en los Estados Unidos, así como envíos de carga trasnacionales exportando a más de 106 lugares en el extranjero, y otros estudios previos a través de 254 condados en el estado de Texas). RUBMRIO simula el comercio a través de las distintas zonas de una región, motivado por las demandas de exportaciones internas y externas, contabilizando este comercio a través de numerosos sectores económicos tales como: Agricultura, Caza, Pesca, Minería, Construcción, Manufactura de alimentos y bebidas, Manufactura de combustibles fósiles, Manufactura del metal, entre otras.

Las relaciones entre las tablas de entrada y salida de datos son usadas para anticipar necesidades de consumo de los productores de mercancías, y los modelos lógicos multinominales distribuyen los flujos de mercancías a través de las zonas de origen y los modos de envío de cargamentos.

Impacto Económico en los Negocios, Originado por el Sistema de Transporte Publico "Mexibus", en Cd. Nezahualcóyotl, Edo. de México

2013

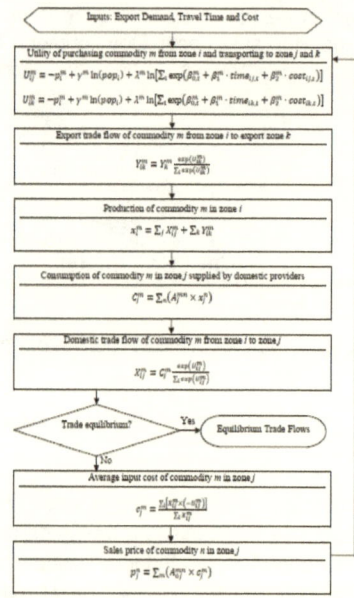

Fig. 7 Estructura del Modelo y Algoritmo de Solución usando RUBMRIO para el caso de los EU.

FUENTES: Du, X., Kockelman, K., (2012) "Tracking Transportation and Industrial Production Across a Nation: Application of the RUBMRIO Model for US Trade Patterns. Department of Civil,Architectural and Environmental Engineering. The University of Texas at Austin.

Para más información:

http://www.ce.utexas.edu/prof/kockelman/RUBMRIO_Website/homepage.htm

TREDIS evalúa los impactos económicos, costos y beneficios de estrategias de transporte, planes y proyectos para perspectivas alternativas. Ahora es usado a través de Canadá, los Estados Unidos y muy pronto en Australia.

Con la introducción de TREDIS 4.0, los planeadores del transporte así como quienes proponen políticas y estrategias tendrán acceso a un sistema para el apoyo en la toma de decisiones el cual hace muy fácil incorporar los factores económicos en la planeación del transporte. El sistema provee a los usuarios de una inteligente y guiada estrategia enfocada para los distintos escenarios en la planeación del transporte. Además de proveer reportes sobre finanzas, impuestos, impactos económicos, costo-beneficio, así como reportes de rendimiento.

TREDIS está diseñado para reconocer los procesos únicos a enfrentar en cada paso o secuencia en los procesos de planeación del transporte. Sus formatos de entrada y sus reportes de salida son ajustados para poder conocer ciertas necesidades desde proyectos a largo plazo hasta la selección del mismo, así como el análisis de alternativas y de gestión de bienes.

Click on each stage in the graphic to see key aspects of TREDIS applicable for it.

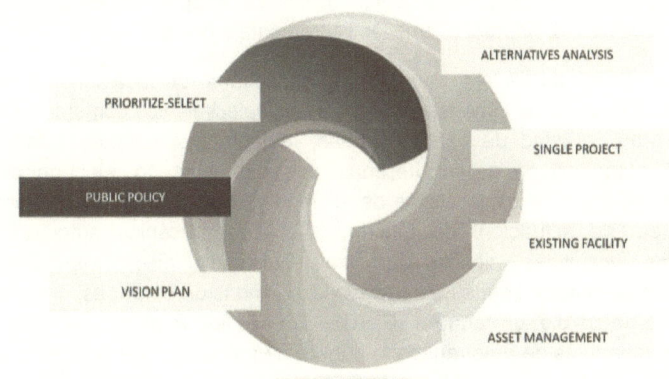

TREDIS also maintains its expert mode, allowing the user to have complete control over their analysis inputs and results.

Fig. 8 Distintos escenarios que contempla el modelo TREDIS.

FUENTE: http://www.tredis.com/index.php/products/how-tredis-can-help

Anexo B Descripción de la Red Vial de Ciudad Nezahualcóyotl

A continuación se describirán las condiciones de las principales vialidades en la zona de estudio en función de sus niveles de demanda.

A) Vialidades urbanas Tipo "A"

Avenida Adolfo López Mateos: Esta avenida es reconocida como una de las más importantes de ciudad Nezahualcóyotl ya que existe desde comienzos de su fundación, cuando era conocida como la Avenida Central; comienza en su intersección al sur con Avenida Texcoco en las colonias Voceadores en el Distrito Federal y San Lorenzo Metropolitana 2da sección en el Estado, su prolongación es la Avenida Juan C. Bonilla de la delegación Iztapalapa del Distrito Federal que conduce al puente de Cabeza de Juárez; termina en su encuentro con Avenida Bordo de Xochiaca en la parte norte en las colonia Tamaulipas sección Las Flores y Aurora I. Esta avenida atraviesa Ciudad Nezahualcóyotl en sentidos (Norte-Sur- Sur-Norte), posee tres cuerpos de circulación separados por dos camellones de cuatro metros de ancho, los dos cuerpos exteriores tienen tres carriles cada uno para cada sentido de circulación y generalmente están destinados para transporte público y de carga; el central tiene cuatro carriles, dos para cada sentido, sin embargo, los carriles centrales solo se encuentran separados por botones y una línea separadora y están destinados para autos particulares y de emergencia. El tipo de pavimento es asfáltico y los camellones se encuentran adoquinados y con múltiples jardineras. (Camellón ligeramente arbolado).

Esta avenida posee niveles de tránsito muy altos al encontrarse ubicada en la parte central de la ciudad y poseer una inmensa variedad de establecimientos comerciales y de servicios (una gran variedad de bares y antros, restaurantes, bancos, hoteles, cerámica, azulejos, máquinas de coser, dulcerías, casas de empeño, electrónicos, computación, audio, plásticos, telas, escuelas de idiomas y computación, de estudios medios y superiores, de actuación, de gastronomía y de mecánica automotriz, mueblerías, librerías, hospitales, clínicas farmacias, bufetes jurídicos, zapaterías, panaderías, laboratorios clínicos, tiendas de autoservicio, tiendas de barrio, así como el "monumento" cabeza de coyote, ubicado en su cruce con avenida Pantitlán), al mismo tiempo, el encontrar diez rutas de autotransporte público de pasajeros que circulan a lo largo o en algunos segmentos de ella incrementa su uso. Las rutas encontradas son las siguientes:

Ruta 31. 4ta Avenida, Carmelo Pérez – Metro San Antonio Abad (Línea 2 del STC Metro)

Asociación de Transporte Colectivo Ruta 47 S.A. de C.V.

1.   Metro Guelatao (Línea "A" Metro Férreo) – Plaza Aragón (por Periférico o por Cd. Lago) y FES Aragón (por Periférico o por Cd. Lago) – Clínica 25 del IMSS.

2.   Clínica 25 del IMSS – Hospital Gustavo Baz, Bordo, Cerezo.

3.   Metro Tepalcates (Línea "A" Metro Férreo) – Esperanza Palacio, Izcalli.

4.   Clínica 25 del IMSS – Estadio Neza 86 por 4ta Avenida.

Ruta 62 Transporte Metropolitano Nueva Generación S.A. de C.V. Clínica 25 del IMSS – San Lorenzo, Puerto, Bombas, Patos, Acuitlapilco, Avenida del Peñón (en el municipio de Chimalhuacán).

Ruta 42 Federación de Taxistas de Ciudad Nezahualcóyotl y la Zona Oriente del Estado de México S.A. de C.V. – Metro Tepalcates (Línea "A" Metro Férreo) – Esperanza Palacio, Izcalli.

Asociación Civil del Vaso de Texcoco S.A. de C.V. Metro Tepalcates (Línea "A" Metro Férreo) – Toreo, Madrugada, Plaza Neza.

S.T.T. Corporación Troncal del Autotransporte del Oriente de Chalco S.A. de C.V. Metro Pantitlán (Líneas 1, 5,9, "A" del STC Metro) – Escondida, Hospital General.

Las unidades de transporte usadas por las rutas nombradas anteriormente son las siguientes:

Ruta 31. Microbuses Ford y Chevrolet con un promedio de antigüedad de 20 años.

Asociación de Transporte Colectivo Ruta 47 S.A. de C.V. Combis, Eurovans y Urvans; microbuses en el ramal Plaza Aragón. Las vagonetas con un promedio de antigüedad de 15 años y los microbuses con uno de 25.

Ruta 62 Transporte Metropolitano Nueva Generación S.A. de C.V. Combis, Eurovans y Urvans.

Ruta 42 Federación de Taxistas de Ciudad Nezahualcóyotl y la Zona Oriente del estado de México S.A. de C.V. Combis, y Urvans.

Asociación Civil del Vaso de Texcoco S.A. de C.V. Camiones Marca " "con un promedio de 30 años de antigüedad.

S.T.T. Corporación Troncal del Autotransporte del Oriente de Chalco S.A. de C.V. Urvans, Eurovans y Microbuses con un promedio de antigüedad de 10 años.

Avenida Pantitlán: Seguramente es considerada como la más importante de la zona central del municipio al ser una de las avenidas con la más alta demanda por parte de los usuarios al recorrer ciudad Nezahualcóyotl en sentidos (Oriente-Poniente – Poniente-Oriente) conectando al municipio con la delegación Iztacalco del Distrito Federal y con el municipio de La Paz del Estado de México. Inicia en su intersección con Anillo Periférico Oriente (Calle 7), donde colinda con la delegación Iztacalco en las colonias El Porvenir y Peterete dentro del municipio de Nezahualcóyotl. Termina en su cruce con Avenida de los Reyes (Línea divisora entre Nezahualcóyotl y La Paz) en la colonia Reforma. Posee dos cuerpos de circulación separados por un camellón en cual varía al pasar de un ancho de 4 metros en el tramo entre Avenida de los Reyes y Avenida Carmelo Pérez a uno de 18 metros el cual ya no modifica. Cada cuerpo de circulación tiene tres carriles cada uno para cada sentido de circulación generalmente destinados para tránsito mixto. El tipo de pavimento es asfáltico y el camellón se encuentra con múltiples jardineras en la parte donde mide cuatro metros de ancho ya que en donde se ensancha se han colocado desde canchas de futbol rápido, de frontón a mano, de baloncesto, áreas de juegos infantiles, hasta kioscos, pequeñas capillas, una biblioteca, monumentos fuentes, instalaciones del Organismo Descentralizado de Agua Potable, Alcantarillado y Saneamiento (ODAPAS), de la policía municipal (Teocallis) así como una central de bomberos. (Camellón ligeramente arbolado).

Como se ha mencionado, los niveles de tránsito que alcanza esta avenida son elevados en comparación con la mayoría de las vialidades del municipio. De hecho, sólo la Avenida Bordo de Xochiaca posee niveles superiores de tránsito en ciertas horas. Su alta afluencia se debe a la altísima concentración de negocios a lo largo de ella, es más, se puede saber que cerca del 96% de las propiedades que están a lo largo han adaptado algún tipo de establecimiento comercial o de servicios públicos o particulares. La variedad en cuanto a los establecimientos es la más extensa entre las avenidas de todo el municipio (una gran variedad de bares y antros, restaurantes, bancos, hoteles, cerámica, azulejos, casas de materiales para la construcción, dulcerías, casas de empeño, electrónicos, audio, plásticos, telas, escuelas de idiomas y computación, de estudios medios, autolavados, talacherías, refacciones automotrices, servicios mecánicos (suspensión, frenos, afinación, clutch, alineación y balanceo, mofles, eléctricos, ajustes de motor, de caja de velocidades, hojalateros, pintores así como también escultores de piezas carrocería, aplicadores de polarizado y de recorte de vinil e instaladores de sistemas de alarma, de luces y de audio),mueblerías, hospitales, clínicas farmacias, bufetes jurídicos, zapaterías, panaderías, laboratorios clínicos, dentistas, tiendas de autoservicio, tiendas de barrio, centros de integración, oficinas del gobierno, oficinas de partidos políticos, salones de eventos sociales, gimnasios, herrerías, cremerías, así como el "monumento" cabeza de coyote, ubicado en su cruce con avenida Adolfo López Mateos). Recientemente se concluyeron las obras del conector vial en el inicio de esta avenida donde empalma con Anillo Periférico Oriente (Calle 7) y Avenida Xochimilco-Talleres Gráficos en la colonia Pantitlán de la delegación Iztacalco del Distrito Federal. En último lugar, se localizaron siete rutas de autotransporte público de pasajeros que circulan a lo largo o en algunos segmentos de ella. Las rutas encontradas son las siguientes:

Ruta 65 Unión de Concesionarios Colectivos de Ciudad Nezahualcóyotl S.C. de R.L. de C.V. Metro Pantitlán (Líneas 1, 5, 9, "A" del STC Metro) – Perla, Reforma, Vías.

Ruta 102. Metro Pantitlán (Líneas 1, 5, 9, "A" del STC Metro) – Perla, Reforma, Iglesia de San Agustín.

Ruta 69 Autotransportes S.A. de C.V. Plaza Aragón (por Periférico o Cd. Lago) – Perla, Reforma, Vías.

Asociación de Transporte Colectivo Ruta 47 S.A. de C.V. Plaza Aragón (por Periférico o Cd. Lago) – Av. Andrés Molina.

AUM Autotransportes Unidos de México Ciudad Nezahualcóyotl Chimalhuacán S.A. de C.V. Metro Pantitlán (Líneas 1, 5, 9, "A" del STC Metro) – Perla, Reforma.

Chimalhuacán Aviación Civil Caracol Y Colonias del Vaso de Texcoco S.A. de C.V. Metro Pantitlán (Líneas 1, 5, 9, "A" del STC Metro) – Perla, Reforma, Puente Magdalena.

Ruta 9. Perla, Reforma – Metro La Merced (Línea 1 de STC Metro)

Las unidades de transporte usadas por las rutas nombradas anteriormente son las siguientes:

Ruta 65 Unión de Concesionarios Colectivos de Ciudad Nezahualcóyotl S.C. de R.L. de C.V. Combis, Eurovans, Urvans y microbuses con un promedio de 20 años de antigüedad.

Ruta 102. Combis, Eurovans, Urvans con un promedio de 20 años de antigüedad.

Ruta 69 Autotransportes S.A. de C.V. Combis, Urvans y microbuses con un promedio de 20 años de antigüedad.

Asociación de Transporte Colectivo Ruta 47 S.A. de C.V. Microbuses con un promedio de 20 años de antigüedad.

AUM Autotransportes Unidos de México Ciudad Nezahualcóyotl Chimalhuacán S.A. de C.V. "Chimecos" con un promedio de 30 años de antigüedad.

Chimalhuacán Aviación Civil Caracol Y Colonias del Vaso de Texcoco S.A. de C.V. Autobuses con un promedio de 10 años de antigüedad.

Ruta 9. Microbuses con un promedio de 20 años de antigüedad.

Avenida Texcoco: Su importancia radica en ser la línea divisora entre el municipio de Nezahualcóyotl y la delegación Iztapalapa de Distrito Federal. Avenida Texcoco inicia en su intersección con Anillo Periférico Oriente (Calle 7), donde colinda además con la delegación Iztacalco en la colonia Juárez Pantitlán, y termina en su cruce con Avenida Tenacingo en el municipio de La Paz del Estado de México en la colonia Magdalena de los Reyes. Esta avenida atraviesa Ciudad Nezahualcóyotl en sentidos (Oriente-Poniente – Poniente-Oriente), posee dos cuerpos de circulación separados por un camellón de cuatro metros de ancho, los dos cuerpos tienen tres carriles cada uno para cada sentido de circulación generalmente destinados para tránsito mixto. El tipo de pavimento es asfáltico y el camellón se encuentra con múltiples jardineras y torres de electricidad a lo largo de ella (aunque en el segmento entre Avenida Gral. Vicente Villada y Avenida Carmelo Pérez el camellón se ensancha lo suficiente que permitió el establecimiento de campos de futbol y en el trecho entre Avenida Floresta y Avenida Tenacingo la vía se reduce a una calle colectora de ocho metros de ancho, sin embargo, esta última parte ya no pertenece al municipio de Nezahualcóyotl). (Camellón escasamente arbolado).

Esta avenida posee niveles de tránsito altos se encuentra ubicada en la parte sur del municipio y posee una variedad diversa de establecimientos comerciales y de servicios pero menor que la encontrada en Avenida Adolfo López Mateos (pocos restaurantes y de menor calidad, bancos, uno o dos hoteles, casas de empeño, electrónicos, audio, una escuela de estudios medios y superiores, una de actuación y una de gastronomía, farmacias, panaderías, zapaterías, laboratorios clínicos, clínicas, tiendas de autoservicio, tiendas de barrio, madererías, casas de ferreterías y laminados, herrajes, acabados en madera y molduras, autolavados, refacciones automotrices, servicios mecánicos, dentistas, mueblerías, herrerías). Finalmente, se encontraron siete rutas de autotransporte público de pasajeros que circulan a lo largo o en algunos segmentos de ella. Las rutas encontradas son las siguientes:

Ruta 86 Unión de Trabajadores del Volante S.A. de C.V. Villada, Bordo – Metro Peñón o Metro Guelatao (Línea "A" Metro Férreo), Clínica 25 del IMSS.

Ruta 40 Unión de Taxistas delEstado de México. Sor Juana, Rancho Grande, Comercial Mexicana – Metro Guelatao.

Ruta 9. Águilas, Tepozanes – Metro Puebla (Línea 9 de STC Metro).

Ruta 84 Unión de T.S.P.P.C.M. Lázaro Cárdenas. Sor Juana, Bordo – Metro Guelatao, ISSSTE.

Asociación Civil del Vaso de Texcoco S.A. de C.V. Metro Tepalcates (Línea "A" Metro Férreo) – Toreo, Madrugada, Plaza Neza.

Ruta 31.

1.   Sor Juana, Bordo – Metro Xola (Línea 2 del STC Metro)*.

2.   Villada, Bordo - Metro Xola (Línea 2 del STC Metro)*.

* Ambas con rutas por Puente del ISSTE o Cabeza de Juárez.

Las unidades de transporte usadas por las rutas nombradas anteriormente son las siguientes:

Ruta 31. Microbuses Ford y Chevrolet con un promedio de antigüedad de 20 años.

Asociación Civil del Vaso de Texcoco S.A. de C.V. Autobuses con un promedio de 30 años de antigüedad.

Ruta 9. Microbuses Ford y Chevrolet con un promedio de antigüedad de 20 años.

Ruta 40 Unión de Taxistas de estado de México. Combis con un promedio de 20 años de antigüedad.

Ruta 86 Unión de Trabajadores del Volante S.A. de C.V. Combis, Eurovans y Urvans con un promedio de 15 años de antigüedad.

Ruta 84 Unión de T.S.P.P.C.M. Lázaro Cárdenas. Combis con un promedio de 25 años de antigüedad.

Avenida Chimalhuacán: Primordialmente, es elemental mencionar que en la mayor parte de su extensión será destinado el paso del nuevo sistema de transporte masivo público de pasajeros BRT de ciudad Nezahualcóyotl, el "Mexibus", desde su cruce con Av. Gral. Vicente Villada hasta el punto en donde corta con Anillo Periférico Oriente (Calle 7), sitio donde comienza precisamente Avenida Chimalhuacán y que divide al municipio en las colonias El Barco 1, 2 y 3 y Estado de México con la delegación Venustiano Carranza del Distrito Federal en la colonia El Arenal. Avenida Chimalhuacán termina en su cruce con calle Plutarco Elías Calles en la colonia Izcalli Nezahualcóyotl donde continúa con el nombre de Prolongación Av. Chimalhuacán. Esta avenida atraviesa Ciudad Nezahualcóyotl en sentidos (Oriente-Poniente – Poniente-Oriente),

Impacto Económico en los Negocios, Originado por el Sistema de Transporte Publico "Mexibus", en Cd. Nezahualcóyotl, Edo. de México

2013

posee dos cuerpos de circulación separados por un camellón de 18 metros de ancho, los dos cuerpos tienen tres carriles cada uno para cada sentido de circulación generalmente destinados para tránsito mixto; aunque con la implantación del nuevo sistema solo quedaron disponibles dos carriles para tránsito particular, y al parecer, las rutas de transporte público de pasajeros que corrían sobre dicha vialidad serán removidas o diseminadas. El tipo de pavimento es asfáltico y en el camellón se encuentra canchas de futbol rápido, de frontón a mano, de baloncesto, áreas de juegos infantiles, kioscos, pequeñas capillas, piezas de arte, fuentes, monumentos, una casa de cultura (el Castillito) e instalaciones de la policía municipal (Teocallis). El sistema de transporte masivo del municipio "Mexibus" también tiene contemplado la incorporación de una ciclopista que corra sobre el camellón a lo largo de la avenida. (Camellón moderadamente arbolado).

Esta avenida posee niveles de tránsito muy altos al encontrarse ubicada en la parte central de la ciudad; de igual manera que en Avenida Pantitlán, su alta afluencia se debe a que un muy alto porcentaje de propiedades han adaptado algún tipo de negocio a sus viviendas, existiendo aparte, las que son totalmente destinadas a el comercio o servicio. Sobre ella están situadas las instalaciones del Ayuntamiento de Nezahualcóyotl"Palacio Municipal" (entre Avenida Sor Juana Inés de la Cruz y Avenida Adolfo López Mateos), además de asentar una inmensa variedad de establecimientos comerciales y de servicios (una gran variedad de bares y antros, restaurantes, bancos, hoteles, cerámica, azulejos, máquinas de coser, dulcerías, casas de empeño, electrónicos, computación, audio, telas, librerías, escuelas de idiomas y computación, de estudios medios y superiores, mueblerías, hospitales, clínicas, farmacias, bufetes jurídicos, zapaterías, panaderías, laboratorios clínicos, autolavados, gasolinerías, talacherías, servicios mecánicos (suspensión, frenos, afinación, clutch, alineación y balanceo, mofles, eléctricos, ajustes de motor, de caja de velocidades, hojalateros, pintores así como también escultores de piezas carrocería, aplicadores de polarizado y de recorte de vinil e instaladores de sistemas de alarma, de luces y de audio) tiendas de autoservicio, tiendas de barrio, así como un cine ubicado entre avenida Nezahualcóyotl y avenida Vicente Riva Palacio). Por último, se han ubicado once rutas de autotransporte público de pasajeros que circulan a lo largo o en algunos segmentos de ella lo cual es en severo problema ya que el nuevo sistema BRT las reemplazará. Las rutas encontradas son las siguientes:

Asociación de Transporte Colectivo Ruta 47 S.A. de C.V. Esperanza; Palacio, Izcalli – Clínica 25 del IMSS (por la Av. López).

Ruta 42 Federación de Taxistas de Ciudad Nezahualcóyotl y la Zona Oriente del Estado de México S.A. de C.V. Esperanza; Palacio, Izcalli – Clínica 25 del IMSS, ISSSTE (por la Av. López).

Impacto Económico en los Negocios, Originado por el Sistema de Transporte Publico "Mexibus", en Cd. Nezahualcóyotl, Edo. de México

2013

AUM Autotransportes Unidos de México Ciudad Nezahualcóyotl Chimalhuacán S.A. de C.V. Metro Pantitlán (Líneas 1, 5, 9, "A" del STC Metro) – Esperanza; Palacio, Izcalli.

Ruta 106. Central de Choferes y Taxistas de Ciudad Nezahualcóyotl y la Zona Oriente. Metro Pantitlán (Líneas 1, 5, 9, "A" del STC Metro) – Esperanza; Palacio, Izcalli.

Ruta 69 Autotransportes S.A. de C.V. Plaza Aragón (por Periférico o Cd. Lago) – Magdalena, Vías.

Ruta 69 Unión de Taxistas del servicio Colectivo S.A. de C.V. Plaza Aragón (por Periférico o Cd. Lago) – Panteón Rosales, Auditorio.

Ruta 48 Asociación de Taxistas y Sitios de la Zona Oriente de Ciudad Nezahualcóyotl Sociedad Cooperativa S.A. de C.V. Plaza Aragón (por Periférico o Cd. Lago) – Esperanza, Palacio, Izcalli.

Ruta 199. Metro Pantitlán (Líneas 1, 5, 9, "A" del STC Metro) – Esperanza; Palacio, Izcalli.

Ruta 103 Coalición de Taxistas de Ciudad Nezahualcóyotl. Metro Pantitlán (Líneas 1, 5, 9, "A" del STC Metro) – Esperanza; Palacio, Izcalli.

Ruta 9. Metro Pantitlán (Líneas 1, 5, 9, "A" del STC Metro) – Esperanza; Palacio, Izcalli.

Chimalhuacán Aviación Civil Caracol Y Colonias del Vaso de Texcoco S.A. de C.V. Metro Pantitlán (Líneas 1, 5, 9, "A" del STC Metro) – Esperanza; Palacio, Izcalli, San Agustín (por la Av. Coahuila).

Las unidades de transporte usadas por las rutas nombradas anteriormente son las siguientes:

Asociación de Transporte Colectivo Ruta 47 S.A. de C.V. Combis y Urvans con un promedio de antigüedad de 15 años.

Ruta 42 Federación de Taxistas de Ciudad Nezahualcóyotl y la Zona Oriente del Estado de México S.A. de C.V. Combis y Urvans con un promedio de antigüedad de 15 años.

AUM Autotransportes Unidos de México Ciudad Nezahualcóyotl Chimalhuacán S.A. de C.V. Microbuses marcas Ford y Chevrolet con un promedio de antigüedad de 25 años.

Ruta 106. Central de Choferes y Taxistas de Ciudad Nezahualcóyotl y la Zona Oriente. Combis y Microbuses marcas Ford y Chevrolet con un promedio de antigüedad de 20 años.

Ruta 69 Autotransportes S.A. de C.V. Combis, Hiades, Microbuses marcas Ford y Chevrolet con un promedio de antigüedad de 25 años.

Ruta 69 Unión de Taxistas del servicio Colectivo S.A. de C.V. Combis y Microbuses marcas Ford y Chevrolet con un promedio de antigüedad de 25 años.

Ruta 48 Asociación de Taxistas y Sitios de la Zona Oriente de Ciudad Nezahualcóyotl Sociedad Cooperativa S.A. de C.V. Combis, Urvans, Eurovanes, Hiades con un promedio de antigüedad de 10 años y Microbuses marcas Ford y Chevrolet con un promedio de antigüedad de 20 años.

Ruta 199. Microbuses marcas Ford y Chevrolet con un promedio de antigüedad de 20 años.

Ruta 103 Coalición de Taxistas de Ciudad Nezahualcóyotl. Combis con un promedio de antigüedad de 20 años.

Ruta 9. Microbuses marcas Ford y Chevrolet con un promedio de antigüedad de 20 años.

Chimalhuacán Aviación Civil Caracol Y Colonias del Vaso de Texcoco S.A. de C.V. Autobuses con un promedio de 10 años de antigüedad.

4ta Avenida: A diferencia de avenidas mencionadas anteriormente, la 4ta Avenida es una vialidad que cambia constantemente sus dimensiones a lo largo de su trayectoria. Comienza en el puto donde se topa con Anillo Periférico Oriente (Calle 7), dividiendo al municipio en la colonia Estado de México con la delegación Venustiano Carranza del Distrito Federal en la colonia El Arenal. 4ta Avenida termina en su incorporación con Circuito Rey Nezahualcóyotl en la colonia Rey Neza. Esta avenida atraviesa Ciudad Nezahualcóyotl en sentidos (Oriente-Poniente – Poniente-Oriente), posee dos cuerpos de circulación separados por un camellón de 4 metros de ancho (tramo desde Av. López hasta donde termina en Circuito Rey Neza), y es que en el segmento entre Av. López y Av. Riva Palacio la 4ta Avenida se divide y se une varias veces cambiando su dimensión, características geométricas y nombre. En dos los dos cuerpos tienen tres carriles cada uno para cada sentido de circulación generalmente destinados para tránsito mixto. El tipo de pavimento es asfáltico y el camellón se encuentra con múltiples jardineras a lo largo de ella. (Camellón escasamente arbolado).

Impacto Económico en los Negocios, Originado por el Sistema de Transporte Publico "Mexibus", en Cd. Nezahualcóyotl, Edo. de México

2013

Esta avenida posee niveles de tránsito no tan altos en comparación con la mayoría de vías primarias de la ciudad. Se encuentra ubicada en la parte central norte del municipio y posee una variedad diversa de establecimientos comerciales y de servicios pero menor que la encontrada en otras vías (pocos restaurantes y de menor calidad, bares, bancos, uno o dos hoteles, casas de empeño, electrónicos, audio, una escuela de estudios medios, farmacias, panaderías, , laboratorios clínicos, clínicas, tiendas de autoservicio, tiendas de barrio, autolavados, refacciones automotrices, gasolinerías, servicios mecánicos, dentistas, mueblerías, herrerías, mercados). Finalmente, se encontraron cuatro rutas de autotransporte público de pasajeros que circulan a lo largo o en algunos segmentos de ella. Las rutas encontradas son las siguientes:

Asociación de Transporte Colectivo Ruta 47 S.A. de C.V. Clínica 25 del IMSS – Estadio Neza 86 por la Av. López.

Ruta 31. 4ta Avenida, Carmelo Pérez – Metro San Antonio Abad (Línea 2 del STC Metro)

Ruta 62 Transporte Metropolitano Nueva Generación S.A. de C.V. Clínica 25 del IMSS – San Lorenzo, Bachilleres 12, Embarcadero, Bombas, Patos, Acuitlapilco, Avenida del Peñón (en el municipio de Chimalhuacán).

Ruta 22. Metro Pantitlán (Líneas 1, 5, 9, "A" del STC Metro) – Chedraui, Unidad Rey Neza.

Las unidades de transporte usadas por las rutas nombradas anteriormente son las siguientes:

Asociación de Transporte Colectivo Ruta 47 S.A. de C.V. Combis, Urvans, Eurovans y Hiades con un promedio de antigüedad de 10 años.

Ruta 31. Microbuses Ford y Chevrolet con un promedio de antigüedad de 20 años.

Ruta 62 Transporte Metropolitano Nueva Generación S.A. de C.V. Urvans, Eurovanes y Hiades con un promedio de antigüedad de 15 años.

Ruta 22. Microbuses Ford y Chevrolet con un promedio de antigüedad de 20 años.

Avenida General Vicente Villada: Junto con Avenida Chimalhuacán será utilizada para la implementación del nuevo sistema de transporte masivo público de pasajeros BRT de ciudad Nezahualcóyotl, el "Mexibus". Inicia en su intersección con Avenida Texcoco, donde colinda además con la delegación Iztapalapa en la colonia Santa Martha Acatitla Norte del Distrito Federal y Metropolitana 3ra Sección del Estado, termina en su cruce con Avenida Bordo de Xochiaca en el municipio de Nezahualcóyotl en la colonia Benito Juárez. Esta avenida atraviesa Ciudad Nezahualcóyotl en sentidos (Norte-Sur – Sur-Norte), posee dos cuerpos de circulación separados por un camellón de 18 metros de ancho, los dos cuerpos tienen tres carriles cada uno para cada sentido de circulación generalmente destinados para tránsito mixto, aunque con la implantación del nuevo sistema en la parte comprendida entre Av. Chimalhuacán y Av. Bordo de Xochiaca solo quedaron disponibles dos carriles para tránsito particular, y al parecer, las rutas de transporte público de pasajeros que corrían sobre dicha vialidad serán reubicadas en esa área. El tipo de pavimento es asfáltico y el camellón se encuentra con múltiples jardineras, canchas de futbol rápido, de baloncesto, áreas de juegos infantiles y de ejercitación física. (Camellón ligeramente arbolado).

Esta avenida posee niveles de tránsito no tan altos en comparación con otras vías del municipio , se encuentra ubicada en la parte centro del municipio y posee una variedad diversa de establecimientos comerciales y de servicios pero menor que la encontrada en Av. Adolfo López Mateos o Av. Pantitlán por ejemplo (pocos restaurantes y de menor calidad, bares, bancos, uno o dos hoteles, casas de empeño, electrónicos, audio, farmacias, panaderías, zapaterías, laboratorios clínicos, clínicas, autolavados, talacherías, servicios mecánicos (suspensión, frenos, afinación, clutch, alineación y balanceo, mofles, eléctricos, ajustes de motor, de caja de velocidades, hojalateros, pintores así como también escultores de piezas carrocería, aplicadores de polarizado y de recorte de vinil e instaladores de sistemas de alarma, de luces y de audio) tiendas de autoservicio, tiendas de barrio, gasolinerías, refacciones automotrices, dentistas, mueblerías, herrerías). Finalmente, se encontraron solo tres rutas de autotransporte público de pasajeros que circulan a lo largo o en algunos segmentos de ella lo cual no representa la demanda de esta avenida. Las rutas encontradas son las siguientes:

Unión de Trabajadores del Volante S.A. de C.V.

1. Villada, Bordo – Metro Peñón Viejo (Línea "A" Metro Férreo).

2. Villada, Bordo – Metro Guelatao (Línea "A" Metro Férreo), Clínica 25 del IMSS.

Ruta 31. Villada, Bordo - Metro Xola (Línea 2 del STC Metro)*.

* Con rutas por Puente del ISSTE o Cabeza de Juárez.

Las unidades de transporte usadas por las rutas nombradas anteriormente son las siguientes:

Ruta 86 Unión de Trabajadores del Volante S.A. de C.V. Combis, Eurovans y Urvans con un promedio de 15 años de antigüedad.

Ruta 31. Microbuses Ford y Chevrolet con un promedio de antigüedad de 20 años.

Avenida Carmelo Pérez: Inicia en su intersección con Avenida Texcoco, donde colinda además con la delegación Iztapalapa en las colonias Santa Martha Acatitla Norte y U.H. Solidaridad del Distrito Federal y Ampliación Vicente Villada en el Estado, termina en su cruce con Avenida Bordo de Xochiaca en el municipio de Nezahualcóyotl en la colonia Aurora III. Esta avenida atraviesa Ciudad Nezahualcóyotl en sentidos (Norte-Sur – Sur-Norte), posee dos cuerpos de circulación separados por un camellón de 18 metros de ancho en el tramo entre Av. Pantitlán y Av. Bordo de Xochiaca ya que en la parte restante la avenida se divide en dos vías independientes separadas por casas, los dos cuerpos tienen tres carriles cada uno para cada sentido de circulación generalmente destinados para tránsito mixto. El tipo de pavimento es asfáltico y el camellón se encuentra con múltiples jardineras, canchas de futbol rápido, de baloncesto, áreas de juegos infantiles y de ejercitación física. (Camellón ligeramente arbolado).

Esta avenida posee niveles de tránsito altos, se encuentra ubicada en la parte este del municipio y posee una variedad diversa de establecimientos comerciales y de servicios en medida regular, por ejemplo (pocos restaurantes y de menor calidad, bares, antros, deshuesaderos, bancos, uno o dos hoteles, casas de empeño, electrónicos, audio, farmacias, panaderías, zapaterías, laboratorios clínicos, gimnasios, clínicas, autolavados, talacherías, servicios mecánicos (suspensión, frenos, afinación, clutch, alineación y balanceo, mofles, eléctricos, ajustes de motor, de caja de velocidades, hojalateros, pintores así como también escultores de piezas carrocería, aplicadores de polarizado y de recorte de vinil e instaladores de sistemas de alarma, de luces y de audio) tiendas de autoservicio, tiendas de barrio, refacciones automotrices, gasolinerías, dentistas, mueblerías, herrerías, una arena de lucha libre y box y algunos templos). Finalmente, se encontraron cuatro rutas de autotransporte público de pasajeros que circulan a lo largo o en algunos segmentos de ella. Las rutas encontradas son las siguientes:

Ruta 42 Federación de Taxistas de Ciudad Nezahualcóyotl la Zona Oriente del Estado de México.

1. Km. 14, Metro Peñón(Línea "A" Metro Férreo), Cárcel, Oasis – Toreo, Bordo.

2. Metro Sta. Martha (Línea "A" Metro Férreo), Oasis – Toreo, Estadio. (Por la Av. Kennedy).

Línea de Autotransporte Rápidos de Ciudad Nezahualcóyotl Chimalhuacán S.A. de C.V. Toreo, Estadio

Empresas 42. Toreo, Bordo – Metro Zaragoza (Línea 1 del STC Metro).

Las unidades de transporte usadas por las rutas nombradas anteriormente son las siguientes:

Ruta 42 Federación de Taxistas de Ciudad Nezahualcóyotl la Zona Oriente del Estado de México. Combis, Urvans y Eurovans con una antigüedad promedio de 20 años.

1. Km. 14, Metro Peñón (Línea "A" Metro Férreo), Cárcel, Oasis – Toreo, Bordo. Combis, Urvans y Eurovans con una antigüedad promedio de 20 años.

2. Metro Sta. Martha (Línea "A" Metro Férreo), Oasis – Toreo, Estadio. (Por la Av. Kennedy). Microbuses Chevrolet y Ford con una antigüedad promedio de 20 años.

Línea de Autotransporte Rápidos de Ciudad Nezahualcóyotl Chimalhuacán S.A. de C.V. Toreo, Estadio.

Empresas 42. Autobuses con un promedio de 12 años de antigüedad.

Avenida Nezahualcóyotl: Inicia en su intersección con Avenida Texcoco, donde colinda además con la delegación Iztapalapa en las colonias Juan Escutia en el Distrito Federal y Raúl Romero y Atlacomulco en el Estado de México; termina en su cruce con Avenida Bordo de Xochiaca en el municipio de Nezahualcóyotl en las colonias Tamaulipas Sección Las Flores y Sección Virgencitas. Actualmente esta última intersección incremento en importancia al encontrarse el complejo comercial Plaza TELMEX Cd. Jardín captando más viajes por parte de los usuarios. Esta avenida atraviesa Ciudad Nezahualcóyotl en sentidos (Norte-Sur – Sur-Norte), posee dos cuerpos de circulación separados por un camellón de 18 metros de ancho el cual no varía en amplitud a lo largo de toda la avenida más que para dejar espacio para un carril de almacenamiento en cada intersección con otra avenida principal, cabe mencionar que salvo esos segmentos donde la vialidad se amplía con un carril más, regularmente se cuenta solo con tres carriles por cuerpo de circulación generalmente destinados para tránsito mixto. El tipo de pavimento es asfáltico y el camellón se encuentra con múltiples jardineras, áreas de juegos infantiles y de ejercitación física. (Camellón moderadamente arbolado).

Esta avenida posee niveles de tránsito no tan altos en comparación con otras vías del municipio , se encuentra ubicada en la parte centro del municipio y posee una variedad diversa de establecimientos comerciales y de servicios pero menor que la encontrada en Av. Adolfo López Mateos o Av. Pantitlán por ejemplo (pocos restaurantes y de menor calidad, bares, bancos, uno o dos hoteles, casas de empeño, electrónicos, audio, farmacias, panaderías, zapaterías, laboratorios clínicos, autolavados, talacherías, servicios mecánicos (suspensión, frenos, afinación, clutch, alineación y balanceo, mofles, eléctricos, ajustes de motor, de caja de velocidades, hojalateros, pintores así como también escultores de piezas carrocería, aplicadores de polarizado y de recorte de vinil e instaladores de sistemas de alarma, de luces y de audio) tiendas de autoservicio, tiendas de barrio,refacciones automotrices, dentistas, mueblerías). Finalmente, se encontraron solo dos rutas de autotransporte público de pasajeros que circulan a lo largo o en algunos segmentos de ella lo cual no representa la demanda de esta avenida. Las rutas encontradas son las siguientes:

Ruta 42 Federación de Taxistas de Ciudad Nezahualcóyotl la Zona Oriente del Estado de México. Neza Bordo, Cd. Jardín – ISSSTE, Coppel Tepalcates, Soriana.

Ruta 9. KFC Tepalcates, Comercial Mexicana – Casa de la Cultura, 4ta. Avenida, Las Vírgenes.

Las unidades de transporte usadas por las rutas nombradas anteriormente son las siguientes:

Ruta 42 Federación de Taxistas de Ciudad Nezahualcóyotl la Zona Oriente del Estado de México. Combis, Urvans, Eurovans con un promedio de 14 años de antigüedad.

Ruta 9. Combis, Eurovanes y Microbuses marca Ford con un promedio de vida de 20 años.

Avenida Sor Juana Inés de la Cruz: Inicia en su intersección con Avenida Texcoco, donde colinda además con la delegación Iztapalapa en las colonias San Lorenzo en el Distrito Federal y Metropolitana 1ra y 2da sección en el Estado de México; termina en su cruce con Avenida Bordo de Xochiaca en el municipio de Nezahualcóyotl en las colonias Benito Juárez y La Aurora I. Esta avenida atraviesa Ciudad Nezahualcóyotl en sentidos (Norte-Sur – Sur-Norte), posee dos cuerpos de circulación separados por un camellón de 18 metros de ancho el cual no varía en amplitud a lo largo de toda la avenida. Cuenta con tres carriles por cuerpo de circulación generalmente destinados para tránsito mixto y el tipo de pavimento es asfáltico .El camellón se encuentra con múltiples jardineras, canchas de baloncesto, áreas de juegos infantiles y de ejercitación física. (Camellón moderadamente arbolado).

Esta avenida posee niveles de tránsito no tan altos en comparación con otras vías del municipio , se encuentra ubicada en la parte centro del municipio y posee una variedad diversa de establecimientos comerciales y de servicios casi igual que la encontrada en Av. Adolfo López Mateos o Av. Pantitlán por ejemplo (varios restaurantes y de la misma o menor calidad, bares, cafés, bancos, uno o dos hoteles, casas de empeño, electrónicos, audio, farmacias, panaderías, zapaterías, laboratorios clínicos, autolavados, talacherías, servicios mecánicos (suspensión, frenos, afinación, clutch, alineación y balanceo, mofles, eléctricos, ajustes de motor, de caja de velocidades, hojalateros, pintores así como también escultores de piezas carrocería, aplicadores de polarizado y de recorte de vinil e instaladores de sistemas de alarma, de luces y de audio) tiendas de autoservicio, tiendas de barrio, gasolineras, refacciones automotrices, dentistas, mueblerías), así como las oficinas de Servicios Administrativos del Municipio y dos centros policiacos uno de la Policía Estatal y otro de la PGR. Finalmente, se encontraron solo tres rutas de autotransporte público de pasajeros que circulan a lo largo o en algunos segmentos de ella lo cual no representa la demanda de esta avenida. Las rutas encontradas son las siguientes:

Ruta 40 Unión de Taxistas del Estado de México. Sor Juana, Rancho Grande, Comercial Mexicana – Metro Guelatao.

Ruta 84 Unión de T.S.P.P.C.M. Lázaro Cárdenas. Sor Juana, Bordo – Metro Guelatao, ISSSTE.

Ruta 31. Sor Juana, Bordo – Metro Xola (Línea 2 del STC Metro).*Por puente de ISSSTE o Cabeza de Juárez.

Las unidades de transporte usadas por las rutas nombradas anteriormente son las siguientes:

Ruta 40 Unión de Taxistas de estado de México. Combis con un promedio de 20 años de antigüedad.

Ruta 84 Unión de T.S.P.P.C.M. Lázaro Cárdenas. Combis con un promedio de 25 años de antigüedad.

Ruta 31. Microbuses Ford y Chevrolet con un promedio de antigüedad de 20 años.

Avenida Tepozanes: Inicia en su intersección con Avenida Texcoco, donde colinda además con la delegación Iztapalapa en las colonias Popular Ermita Zaragoza en el Distrito Federal y Loma Bonita y Santa Martha en el Estado de México; termina en su cruce con 4ta. Avenida en el municipio de Nezahualcóyotl en la colonia Rey Neza. Esta avenida atraviesa Ciudad Nezahualcóyotl en sentidos (Norte-Sur – Sur-Norte), posee dos cuerpos de circulación separados por un camellón de cuatro metros de ancho el cual no varía en amplitud a lo largo de toda la avenida. La avenida cuenta con tres carriles por cuerpo de circulación destinados al tránsito mixto. El tipo de pavimento es asfáltico y el camellón posee varias jardineras y árboles pequeños a lo largo de la vía. (Camellón ligeramente arbolado).

Esta avenida posee niveles de tránsito regulares en comparación con otras vías del municipio , se encuentra ubicada en la parte este del municipio y posee una variedad de establecimientos comerciales y de servicios similar a Av. Sor Juana o Carmelo Pérez (varios restaurantes y de la misma o menor calidad, muchos bares, cafés, bancos, uno o dos hoteles, casas de empeño, electrónicos, audio, farmacias, panaderías, zapaterías, laboratorios clínicos, autolavados, talacherías, servicios mecánicos (suspensión, frenos, afinación, clutch, alineación y balanceo, mofles, eléctricos, ajustes de motor, de caja de velocidades, hojalateros, pintores así como también escultores de piezas carrocería, aplicadores de polarizado y de recorte de vinil e instaladores de sistemas de alarma, de luces y de audio) tiendas de autoservicio, tiendas de barrio, gasolineras, refacciones automotrices, dentistas, mueblerías y zapaterías. Finalmente, se encontraron solo tres rutas de autotransporte público de pasajeros que circulan a lo largo o en algunos segmentos de ella lo cual no representa la demanda de esta avenida. Las rutas encontradas son las siguientes:

Ruta 9.

1.   Águilas, Tepozanes – Metro Puebla (Línea 9 de STC Metro).

2.   Cárcel, Metro Sta. Martha (Línea "A" Metro Férreo) – Estadio.

Ruta 64 Alianza de Concesionarios del Transporte de Ciudad Nezahualcóyotl. Metro Sta. Martha (Línea "A" Metro Férreo), Cárcel – Bordo, Tepozanes, Chedrahui, Coppel.

Las unidades de transporte usadas por las rutas nombradas anteriormente son las siguientes:

Ruta 9. Microbuses Ford y Chevrolet y Combis con un promedio de antigüedad de 20 años

Ruta 64 Alianza de Concesionarios del Transporte de Ciudad Nezahualcóyotl. Combis y varias Urvans y Rams con un promedio de 23 años de antigüedad.

Glorieta de Colón: Inicia en su intersección con Avenida López Mateos en las colonias Evolución Poniente y Agua Azul Sección Pirules en donde continua con el nombre de Laguna de Zempoala y termina en su cruce con Avenida Carmelo Pérez en la colonia La Perla en donde continua con el nombre de Álamos. Esta avenida atraviesa Ciudad Nezahualcóyotl en sentidos (Oriente-Poniente – Poniente-Oriente), posee un cuerpo de circulación de ocho metros de ancho el cual no varía en amplitud a lo largo de toda la avenida. La calle cuenta con tres carriles destinados al tránsito mixto. El tipo de pavimento es asfáltico.

Esta calle posee niveles de tránsito altos en comparación con otras calles del municipio y generalmente existen segmentos que cotidianamente presentan congestionamientos debido a la estrecha dimensión de la vía. Se encuentra ubicada en la parte central del municipio y posee una variedad de establecimientos comerciales y de servicios similar a las antes mencionadas pero en mucha menor cantidad ya que solo algunas de las propiedades han adaptado algún tipo de negocio, sin embargo, en su segmento entre Av. Sor Juana y Av. Villada se encuentra el Zoológico "Parque del Pueblo". Finalmente, se encontró solo una ruta de autotransporte público de pasajeros que circula a lo largo o en algunos segmentos de ella lo cual no representa la demanda de esta avenida. La ruta encontrada es la siguiente:

Corporación Troncal del Autotransporte Oriente Chalco S.A. de C.V. Álamos Olivos – Metro Pantitlán (Líneas 1, 5, 9, "A" del STC Metro).

Las unidades de transporte usadas por la ruta nombrada anteriormente son las siguientes:

Microbuses marca Ford y Chevrolet con un promedio de 18 años de antigüedad.

Escondida: Inicia en su intersección con Avenida López Mateos en las colonias Evolución Poniente y Agua Azul Sección Pirules donde continua con el nombre de Laguna de San Cristóbal y termina en su cruce con Avenida Cerezos en la colonia La Perla donde continua con el nombre se Cedros. Esta avenida atraviesa Ciudad Nezahualcóyotl en sentidos (Oriente-Poniente – Poniente-Oriente), posee un cuerpo de circulación de ocho metros de ancho el cual no varía en amplitud a lo largo de toda la avenida. La calle cuenta con tres carriles destinados al tránsito mixto. El tipo de pavimento es asfáltico.

Esta calle posee niveles de tránsito altos en comparación con otras calles del municipio y generalmente existen segmentos que cotidianamente presentan congestionamientos debido a la estrecha dimensión de la vía. Cabe mencionar que su afluencia es más alta aún que la de Glorieta de Colón. Se encuentra ubicada en la parte central del municipio y posee una variedad de establecimientos comerciales y de servicios similar a las antes mencionadas pero en mucha menor cantidad ya que solo algunas de las propiedades han adaptado algún tipo de negocio Sin embargo, esta calle también queda cerca del Zoológico "Parque del Pueblo" y además cuenta con una clínica Familiar del I.M.S.S. en su cruce con Av. Carmelo así como de un Hospital General que se encuentra un poco más adelante. Finalmente, se encontró solo una ruta de autotransporte público de pasajeros que circula a lo largo o en algunos segmentos de ella lo cual no representa la demanda de esta avenida. La ruta encontrada es la siguiente:

Corporación Troncal del Autotransporte Oriente Chalco S.A. de C.V. Escondida, Hospital General – Metro Pantitlán (Líneas 1, 5, 9, "A" del STC Metro).

Las unidades de transporte usadas por la ruta nombrada anteriormente son las siguientes:

Urvans, Eurovanes, Midibuses y Autobuses con un promedio de 13 años de antigüedad.

Escalerillas: Inicia en su intersección con Avenida Nezahualcóyotl en las colonias Romero Rubio y Atlacomulco donde continua con el nombre de Juárez y termina en su cruce con Avenida Villada en la colonia Ampliación Vicente Villada donde continua con el nombre de Romero Rubio. Esta avenida atraviesa Ciudad Nezahualcóyotl en sentidos (Oriente-Poniente – Poniente-Oriente), posee un cuerpo de circulación de ocho metros de ancho el cual no varía en amplitud a lo largo de toda la avenida aunque este tiene una pequeña desfase en su continuidad lineal en su intersección con Av. López Mateos. La calle cuenta con tres carriles destinados al tránsito mixto. El tipo de pavimento es asfáltico.

Esta calle posee niveles de tránsito regulares en comparación con otras calles del municipio y generalmente existen segmentos que cotidianamente presentan congestionamientos debido a la estrecha dimensión de la vía pero en menor escala en cuanto a duración y longitud. Se encuentra ubicada en la parte central del municipio y posee una variedad de establecimientos comerciales y de servicios similar a las antes mencionadas pero en mucha menor cantidad ya que solo algunas de las propiedades han adaptado algún tipo de negocio Sin embargo, esta calle debe su afluencia a su relativa cercanía con otros sitios de interés como mercados, escuelas, iglesias un Centro de Salud o el estadio Metropolitano los cuales no se encuentran ubicados sobre dicha calle. Finalmente, se encontró solo una ruta de autotransporte público de pasajeros que circula a lo largo o en algunos segmentos de ella lo cual no representa la demanda de esta avenida. La ruta encontradaes la siguiente:

Asociación Civil del Vaso de Texcoco S.A. de C.V. Águilas, Mercado – Metro Pantitlán (Líneas 1, 5, 9, "A" del STC Metro).

Las unidades de transporte usadas por la ruta nombrada anteriormente son las siguientes:

Midibuses y Autobuses con un promedio de 12 años de antigüedad.

Flamingos: Inicia en su intersección con Avenida Nezahualcóyotl en las colonias Romero Rubio y Atlacomulco en donde continua con el nombre de Bravo y termina en su cruce con Avenida Villada en la colonia Ampliación Vicente Villada en donde continua con el nombre de Progreso Nacional. Esta avenida atraviesa Ciudad Nezahualcóyotl en sentidos (Oriente-Poniente – Poniente-Oriente), posee un cuerpo de circulación de ocho metros de ancho el cual no varía en amplitud a lo largo de toda la avenida aunque este tiene una pequeña desfase en su continuidad lineal en su intersección con Av. López Mateos. La calle cuenta con tres carriles destinados al tránsito mixto. El tipo de pavimento es asfáltico.

Esta calle posee niveles de tránsito muy altos en comparación con otras calles del municipio y generalmente existen segmentos que cotidianamente presentan congestionamientos debido a la estrecha dimensión de la vía. Se encuentra ubicada en la parte central del municipio y posee una variedad de establecimientos comerciales y de servicios similar a las antes mencionadas pero en mucha menor cantidad ya que solo algunas de las propiedades han adaptado algún tipo de negocio. Sin embargo, esta calle debe su afluencia a su relativa cercanía con otros sitios de interés como mercados, escuelas, iglesias un Centro de Salud o el estadio Metropolitano los cuales no se encuentran ubicados sobre dicha calle. Finalmente, se encontraron solo dos rutas de autotransporte público de pasajeros que circulan a lo largo o en algunos segmentos de ella lo cual no representa la demanda de esta avenida. Las rutas encontradas son las siguientes:

Ruta 40 Unión de Taxistas del Estado de México. Tepozanes, Reclusorio – Metro Guelatao.

Asociación de Transporte Colectivo Ruta 47 S.A. de C.V.

Las unidades de transporte usadas por las rutas nombradas anteriormente son las siguientes:

Ruta 40 Unión de Taxistas del Estado de México. Combis con un promedio de 23 años de antigüedad.

Asociación de Transporte Colectivo Ruta 47 S.A. de C.V. Microbuses marca Ford y Chevrolet con un promedio de 22 años de antigüedad.

Anexo C Listado de Negocios en Cd. Nezahualcóyotl en la zona de influencia del MEXIBUS

Listado de Negocios en Cd. Nezahualcoyotl dentro de la zona de influencia del transporte publico MEXIBUS				
		Avenida		
	Chimalhuacán	Vicente Villada	Xochiaca	Av. del peñon	Total
Agencia de autos	0	0	0	1	1
Autolabado	4	0	0	0	4
Bancos	4	0	4	0	8
Casas de empeño	6	0	2	2	10
Farmacias, médicos	7	2	4	3	16
Ferretería	4	0	2	1	7
Gasolineras	3	1	2	2	8
Hoteles	2	0	3	2	7
Oficina de correo	2	0	0	0	2
Paleterias	5	0	3	2	10
Panadería	3	0	0	3	6
Productos de limpieza	2	0	0	0	2
Refacciones de auto	7	0	0	2	9
Restaurantes	8	3	5	1	17
Taller de bicicletas	3	0	0	2	5
Tienda de abarrotes	8	0	1	2	11
Tienda de lonas	2	0	0	0	2
Tienda de materiales	4	0	2	2	8
Tienda de muebles	4	0	2	3	9
Tienda de vinos	5	0	2	2	9
Tiendas (Electra femsa)	2	0	0	1	3
Tiendas de aceite	4	0	0	0	4
Tiendas de pintura	9	2	0	3	14
Zapaterías	2	0	4	0	6
Total	**100**	**8**	**36**	**34**	**178**

Anexo D Inventario Físico de los Negocios en la zona de Influencia

AV. Chimalhuacán

Calle: 4

AV. Chimalhuacán

Calle: 5

AV. Chimalhuacán

Calle: 7

AV.
Chi

malhuacán y Av.
Cuauhtémoc

AV.
Chimalhuacán y
Calle: 14

AV. Chimalhuacán y Calle: 15

AV. Chimalhuacán y AV. Ilhuicamina

AV. Chimalhuacán y Calle: 28

AV. Chimalhuacán y Calle: 29

AV. Chimalhuacán y Calle: 30 & 31

AV. Chimalhuacán y Calle: 32

AV. Chimalhuacán y Calle: 34

AV. Chimalhuacán y Av .Vicente Riva Palacio

Impacto Económico en los Negocios, Originado por el Sistema de Transporte Publico "Mexibus", en Cd. Nezahualcóyotl, Edo. de México

2013

Av. Chimalhuacán y Calle: N.1

Av. Chimalhuacán y Cda. Chimalhuacán

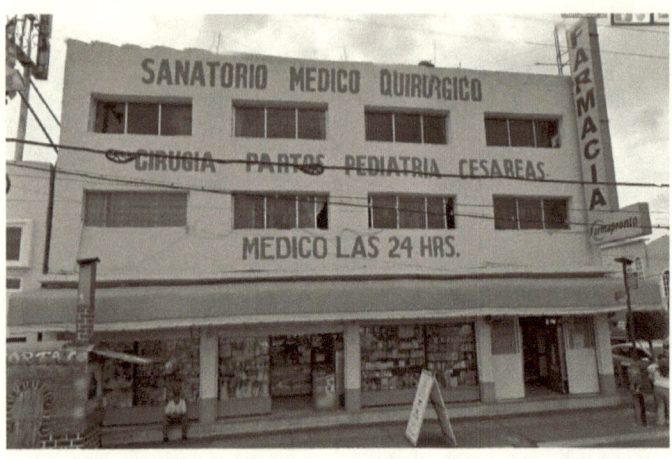

Av. Chimalhuacán y Av. Lago Atitlán

AV. Chimalhuacán y Calle: lago Tequesquitengo

Impacto Económico en los Negocios, Originado por el Sistema de Transporte Publico "Mexibus", en Cd. Nezahualcóyotl, Edo. de México

2013

Av. Chimalhuacán y Calle: lago zirahuen

Av. Chimalhuacán y Av. Ingeniero Luque Loyola

Av. Chimalhuacán y Calle. Lago Michigan

Av. Chimalhuacán y Calle: lago mask

Av. Chimalhuacán y Calle: lago mask

Av. Chimahuacán y Calle: lago Xochimilco

Av. Chimalhuacán y Av. Nezahualcóyotl

AV. Chimalhuacán y Calle: lago Huron

Av Chimalhuacán y Calle lago Huron

Av. Chimalhuacán y Calle: lago guija

Av. Chimalhuacán y Calle: lago Chapultepec

Av. Chimalhuacán y Calle: lago Chairel

Impacto Económico en los Negocios, Originado por el Sistema de Transporte Publico "Mexibus", en Cd. Nezahualcóyotl, Edo. de México

2013

Av. Chimalhuacán y Calle: lago Alberto

Av. Chimalhuacán y Calle: salto del agua

Av. Chimalhuacán y Calle: 4 milpas

Av. Chimalhuacán y Calle: pájaro azul

Impacto Económico en los Negocios, Originado por el Sistema de Transporte Publico "Mexibus", en Cd. Nezahualcóyotl, Edo. de México

2013

Av. Chimalhuacán y Av. Faisán

Av. Chimalhuacán y Calle: pajarera

Av. Chimalhuacán y Av. Palacio Nacional

Av. Chimalhuacán y Calle: ex-convento de Churubusco

Av. Chimalhuacán y Av. Sor juan Inés de la Cruz

Av. Chimalhuacán

AV. Chimalhuacán

Av. Chimalhuacán y Calle: 7 leguas

Av. Chimalhuacán y Calle: laureles

Av. Chimalhuacán y Av. Vicente Villada

Av. Chimalhuacán y Av. Vicente Villada

Av. Vicente Villada y AV. Vicente Villada

Calle: cielito lindo/ amanecer ranchero

Av. Vicente Villada y Av. Rayito de sol

Av. Vicente Villada y Av. Bordo de Xochiaca

Av. Bordo de Xochiaca y Calle: la calandria

Av. Bordo de Xochiaca y Av. Del peñón alemán

Av. Bordo de Xochiaca y Calle: Manuel Ávila Camacho/Miguel

Av. Bordo de Xochiaca y Av. Del Peñón

Impacto Económico en los Negocios, Originado por el Sistema de Transporte Publico "Mexibus", en Cd. Nezahualcóyotl, Edo. de México

2013

Av. Del peñón y Calle: trátelo

Av. Del peñón y Calle: del cooperativismo

Anexo E Inventario Fotográfico del Mexibus en Funcionamiento

Impacto Económico en los Negocios, Originado por el Sistema de Transporte Publico "Mexibus", en Cd. Nezahualcóyotl, Edo. de México

2013

www.ingramcontent.com/pod-product-compliance
Lightning Source LLC
Chambersburg PA
CBHW031944170526
45157CB00002B/383